信息网络布线实战教程

主　编　罗清波

副主编　鲁　毅　陆家浩　尹红波

北京理工大学出版社

BEIJING INSTITUTE OF TECHNOLOGY PRESS

内 容 简 介

本书围绕“信息网络布线”展开，从基础知识到当前最新的集成布线系统、从布线基本概念到布线的施工技术，均进行了详细的讨论。全书共分为五个部分，第一部分为信息网络布线基础理论知识，包含四个学习任务，分别是信息网络布线基础知识、常用工具、常用材料、基础设计；第二部分为信息网络布线实训，包含六个学习任务，分别是跳线的制作、信息模块压接、配线架端接、跳线架端接、管路敷设、光纤熔接；第三部分为信息网络布线工程案例，详细介绍了学校宿舍楼网络布线工程的设计及施工；第四部分为信息网络布线基础理论题库及参考答案；第五部分为信息网络布线技能训练试题选编，收录了近年来职业院校技能大赛相关试题。

本书适合作为计算机专业信息网络布线相关课程的教材，也可供相关技术人员学习和参考。

图书在版编目(CIP)数据

信息网络布线实战教程 / 罗清波主编. -- 北京：北京理工大学出版社，2022.7

ISBN 978-7-5763-1484-7

Ⅰ. ①信… Ⅱ. ①罗… Ⅲ. ①信息网络-布线 Ⅳ. ①TP393

中国版本图书馆 CIP 数据核字(2022)第 122015 号

出版发行 / 北京理工大学出版社有限责任公司
社　　址 / 北京市海淀区中关村南大街 5 号
邮　　编 / 100081
电　　话 / (010) 68914775（总编室）
　　　　　(010) 82562903（教材售后服务热线）
　　　　　(010) 68944723（其他图书服务热线）
网　　址 / http://www.bitpress.com.cn
经　　销 / 全国各地新华书店
印　　刷 / 三河市天利华印刷装订有限公司
开　　本 / 787 毫米×1092 毫米　1/16
印　　张 / 10
彩　　插 / 1
字　　数 / 224 千字
版　　次 / 2022 年 7 月第 1 版　2022 年 7 月第 1 次印刷
定　　价 / 56.00 元

责任编辑 / 钟　博
文案编辑 / 钟　博
责任校对 / 刘亚男
责任印制 / 施胜娟

图书出现印装质量问题，请拨打售后服务热线，本社负责调换

前言

“信息网络布线”课程是计算机网络类相关专业的重要基础课程，也是计算机网络技术专业的必修课程之一。作为我院示范校精品课程，为了引导信息网络布线技术基础教学，指导学生熟练掌握信息网络布线常用工具的使用，特编写本实训教程。

本书是基于信息网络布线施工过程中所需要的基础知识编写的，面向职业院校教师和广大网络技术专业学生，所叙述的内容基本反映了当今最新技术，也是编者多年来教学经验和实践体会的总结。

本书围绕“信息网络布线”展开，从基础知识到当前最新的集成布线系统、从信息网络布线基本概念到信息网络布线施工技术均进行了详细的讨论，使学生不但能够掌握信息网络布线的基础知识，而且可以了解怎样做布线方案，怎样选择传输介质，怎样施工，怎样测试，怎样组织验收、鉴定，成为信息网络布线行业的技术人员。

全书共分为五个部分，第一部分为信息网络布线基础理论知识，包括四个学习任务，分别是信息网络布线基础知识、常用工具、常用材料、基础设计；第二部分为信息网络布线实训，包括六个学习任务，分别是跳线的制作、信息模块压接、配线架端接、跳线架端接、管路敷设、光纤熔接；第三部分为信息网络布线工程案例，详细介绍了学生宿舍楼网络信息布线工程案例；第四部分为信息网络布线基础理论题库及参考答案；第五部分为信息网络布线技能训练试题选编，收录了近年来职业院校技能大赛相关试题。

作为学院计算机网络技术精品课程，编者在编写本书前期进行了缜密的调研，参考了各类信息网络布线教材，最后由“信息网络布线”精品课程项目组成员集中讨论研究，最终形成适合职业院校学生使用的实训教程。

本书由罗清波老师整体规划并编写所有章节。我院专业教师和信息网络布线技能大赛获奖选手顾博四同学参与全程图片资料的录入工作。本书在编写过程中，还得到了学院和系部领导、老师的大力支持和指导。

由于信息网络布线技术是一门新兴的交叉学科，加之作者水平有限，本书难免存在不足之处，敬请读者批评指正。

编者　罗清波

2022 年 2 月 18 日

目录

第一部分 信息网络布线基础理论知识

学习任务一 信息网络布线基础知识

学习目标

（1）掌握信息网络布线理论知识；

（2）熟悉信息网络布线系统的6个子系统。

建议课时

14课时。

工作流程与活动

学习活动1　信息网络布线概述；

学习活动2　工作区子系统；

学习活动3　水平子系统；

学习活动4　垂直子系统；

学习活动5　设备间子系统；

学习活动6　管理间子系统；

学习活动7　建筑群子系统。

工作情景描述

信息网络布线系统是构建智能大厦必不可少的信息传输通道。它能将语音、数据、图像等终端设备与大厦管理系统连接起来，构成一个完整的智能化系统。信息网络布线系统由不同系列和规格的部件组成，包括：传输介质、相关连接硬件（如配线架、连接器、插座、插头、适配器）以及电气保护设备等。

学习活动1　信息网络布线概述

活动目标

（1）信息网络布线系统的定义；

（2）信息网络布线系统的特点；
（3）信息网络布线系统的 6 个子系统；
（4）信息网络布线系统的应用场合；
（5）信息网络布线系统的标准；
（6）信息网络布线系统的日常维护。

实训地点

信息网络布线实训室。

活动课时

2 课时。

活动过程

1. 信息网络布线系统的定义

信息网络布线系统是一种建筑物或建筑群内的信息传输网络，该传输网络不仅能使语音和数据通信设备、交换设备和其他信息管理系统彼此相连，还能使这些设备与外部通信网络连接。它采用一种开放式结构，能支持多种计算机数据系统，还能支持会议电视、监控电视等系统的需要。信息网络布线系统使智能建筑群内所有带弱电的设备进入同一个网络系统，由中央控制室的网络管理系统进行控制和管理。

2. 信息网络布线系统的特点

信息网络布线系统与传统的布线系统相比有许多优越性。信息网络布线系统的特点主要表现在它具有兼容性、开放性、灵活性、可靠性、先进性和经济性，而且在设计、施工和维护方面也给人们带来了许多方便。

1）兼容性

信息网络布线系统的首要特点是它的兼容性。所谓兼容性，是指信息网络系统自身是完全独立的，而与应用系统相对无关，可以适用于多种应用系统。过去，为一幢大楼或一个建筑群内的语音或数据线路布线时，往往采用不同厂家生产的电缆线、配线插座以及接头等。例如用户交换机通常采用双绞线，计算机系统通常采用粗同轴电缆或细同轴电缆。这些不同的设备使用不同的配线材料，而连接这些不同配线的插头、插座及端子板也各不相同，彼此互不相容。一旦需要改变终端机或电话机位置，就必须敷设新的线缆以及安装新的插座和接头。

信息网络布线系统将语音、数据与监控设备的信号线经过统一的规划和设计，采用相同的传输媒体、信息插座、交连设备、适配器等，把这些不同信号综合到一套标准的布线中。由此可见，这种布线系统比传统的布线系统大为简化，可节约大量的物资、时间和空间。

在使用时，用户可不用定义某个工作区的信息插座的具体应用，只把某种终端设备（如个人计算机、电话、视频设备等）插入这个信息插座，然后在管理间和设备间的交接设备上做相应的接线操作，这个终端设备即被接入各自的系统。

2）开放性

对于传统的布线方式，只要用户选定了某种设备，也就选定了与之相适应的布线方式和传输媒体。如果更换另一设备，那么原来的布线就要全部更换。对于一个已经完工的建筑物，这种变化是十分困难的，要增加很多投资。

信息网络布线系统由于采用开放式体系结构，符合多种国际上现行的标准，因此它几乎对所有著名厂商的产品都是开放的，如计算机设备、交换机设备等，并支持所有通信协议，如ISO/IEC8802－3、ISO/IEC8802－5等。

3）灵活性

传统的布线方式是封闭的，其体系结构是固定的，若要迁移设备或增加设备是相当困难而麻烦的，甚至是不可能的。

信息网络布线系统采用标准的传输线缆和相关连接硬件，进行模块化设计，因此所有通道都是通用的。每条通道可支持终端、以太网工作站及令牌环网工作站。所有设备的开通及更改均不需要改变布线，只需增减相应的应用设备以及在配线架上进行必要的跳线管理即可。另外，组网也可灵活多样，甚至在同一房间内可有多用户终端，以太网工作站、令牌环网工作站并存，为用户组织信息流提供了必要条件。

4）可靠性

在传统的布线方式下，由于各个应用系统互不兼容，所以在一个建筑物中往往要有多种布线方案。因此，建筑系统的可靠性要由所选用布线方案的可靠性来保证，当各应用系统布线不当时，还会造成交叉干扰。

信息网络布线系统采用高品质的材料和组合压接的方式构成一套高标准的信息传输通道。所有线槽和相关连接件均通过ISO认证，每条通道都要采用专用仪器测试链路阻抗及衰减率，以保证其电气性能。应用系统布线全部采用点到点端接，任何一条链路故障均不影响其他链路的运行，这就为链路的运行维护及故障检修提供了方便，从而保障了应用系统的可靠运行。各应用系统往往采用相同的传输媒体，因此可互为备用，提高了备用冗余度。

5）先进性

信息网络布线系统采用光纤与双绞线混合布线方式，极为合理地构成一套完整的布线。所有布线均采用世界上的最新通信标准，链路均按八芯双绞线配置。5类双绞线带宽可达100 MHz，6类双绞线带宽可达200 MHz。对于特殊用户的需求，可把光纤引到桌面（Fiber To The Desk）。语音干线部分用钢缆，数据部分用光缆，从而为同时传输多路实时多媒体信息提供足够的带宽容量。

6）经济性

信息网络布线系统比传统的布线系统更加经济，主要综合布线可适应相当长时间的需求，传统布线改造很费时间，耽误工作造成的损失更是无法用金钱计算。

通过上面的讨论可知，信息网络布线系统较好地解决了传统的布线系统存在的许多问题，随着科学技术的迅猛发展，人们对信息资源共享的要求越来越迫切，尤其以电话业务为主的通信网逐渐向综合业务数字网（ISDN）过渡，人们越来越重视能够同时提供语音、数据和视频传输的集成通信网。因此，信息网络布线系统取代单一、昂贵、复杂的传统的布线系统，是“信息时代”的要求，是历史发展的必然趋势。

3. 信息网络布线系统的6个子系统

信息网络布线系统可以划分成如下6个子系统。

（1）工作区（终端）子系统；

（2）水平子系统；

（3）管理子系统；

（4）垂直（干线）子系统；

（5）设备间子系统；

（6）建筑群子系统。

信息网络布线系统的结构如图1－1所示。

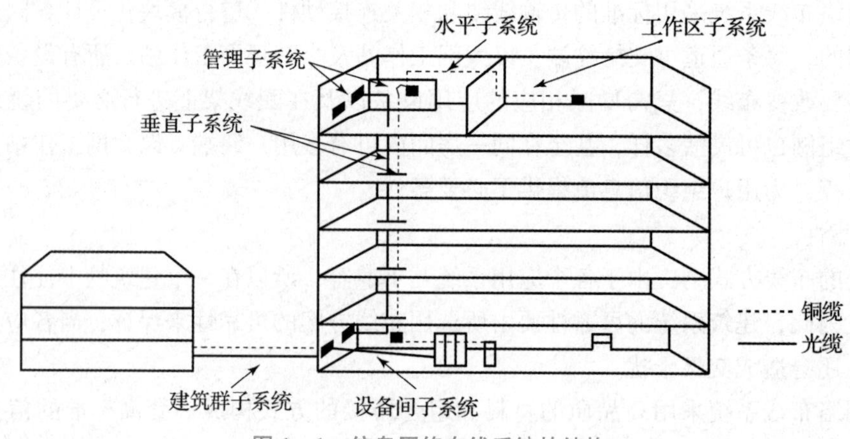

图1－1 信息网络布线系统的结构

1）工作区子系统

工作区子系统一般设置在需要设置终端设备的独立区域，比如一个房间，由用户的终端设备连接到信息点（插座）的连线所组成。工作区子系统的每个信息插座都应该支持电话机、数据终端、计算机以及监视器等终端设备。

2）水平子系统

水平子系统是每层的配线间至信息插座之间的部分，由信息插座、水平配线电缆或光纤配线设备和跳线等组成，又称为配线子系统。

水平子系统的特点是：在一个楼层上，沿地板或天花板走线。水平子系统的电缆长度应小于90 m。

3）管理子系统

管理子系统一般设置在配线设备的房内，由配线间的配线硬件、I/O设备及相关接插线缆等组成。管理子系统是针对设备间、交接间、工作区的配线设备、线缆、信息插座等设施进行管理的系统，端接区应有良好的标记系统。

4）垂直子系统

垂直子系统由设备间与管理子系统之间的连接线缆组成，包括配线设备、垂直干线线缆或光纤、跳等，是楼层之间垂直（水平）干线线缆的统称，主要用于连接各层配线室，并

连接主配线室。

5）设备间子系统

设备间子系统又称为主配线间，由设备间中的电缆、连接器和相关支撑硬件组成。它是在每一幢大楼的适当地点设置进出线设备、网络互连设备的场所。为了便于布线、节省投资，设备间最好位于每一幢大楼的中间。

6）建筑群子系统

建筑群子系统由连接各建筑物之间的传输介质和相关支持设备组成。

4. 信息网络布线系统的应用场合

信息网络布线系统的应用场合目前主要有以下几类。

（1）商业贸易类型；

（2）综合办公类型；

（3）交通运输类型；

（4）新闻机构类型；

（5）其他重要建筑类型。

此外，军事基地和重要部门的建筑以及高级住宅小区等也需要采用信息网络布线系统。

5. 信息网络布线系统的标准

信息网络布线系统的国外标准主要有：

（1）ANSI/EIA/TIA－569 商业大楼通信通路与空间标准；

（2）ANSI/EIA/TIA－568－A 商业大楼通信布线标准；

（3）ANSI/EIA/TIA－606 商业大楼通信基础设施管理标准；

（4）ANSI/EIA/TIA－607 商业大楼通信布线接地与地线连接需求；

（5）ANSI/TIA TSB－67 非屏蔽双绞线端到端系统性能测试规范；

（6）EIA/TIA－570 住宅和 N 型商业电信布线标准；

（7）ANSI/TIA TSB－72 集中式光纤布线指导原则；

（8）ANSI/TIA TSB－75 开放型办公室新增水平布线应用方法；

（9）ANSI/TIA/EIA－TSB－95 4 对 100Ω 5 类线缆新增水平布线应用方法。

信息网络布线系统的国内标准有：

（1）GB/T 50311—2000 建筑与建筑群综合布线系统工程设计规范；

（2）GB/T 50312—2000 建筑与建筑群综合布线系统工程验收规范。

6. 信息网络布线系统的日常维护

日常维护是指在信息网络布线系统正常运行期间，对其进行定期保养和检查。一般每隔数月就应该进行一次维护，而不是等到出现问题再进行维护。日常维护的工作内容主要包括以下方面。

（1）清除机柜内外综合布线系统上的灰尘。

（2）检查网络布线桥架的平整度，如果发生变形、支架螺丝脱落等与安装图纸不相符的情况应立即修复，以免桥架断裂或脱落导致信息业务突然中断。

（3）检查机房内双绞线、面板、配线架、跳线上的标签，将脱落的标签补全，将粘连不牢的标签固定好，更换有损伤的标签。

（4）使用性能测试仪对铜缆信道和未使用的光纤信道（由于光纤信道比较脆弱，容易受磨损和灰尘的影响，所以对于正在使用的光纤信道，不建议进行抽检，以免测试时损坏光纤信道或网络设备的光纤模块）进行抽检，测试方法为永久链路测试和所用跳线的性能测试，并与原始记录进行核对。

（5）对电子配线架系统同样应进行抽检，抽检时可人为设置故障，检查实时报警的响应时间和报警音响。同理，应对综合布线管理软件（含电子配线架中的软件）中的电子记录进行人工检查，检查范围包含施工记录和上次维护至今的日常记录。施工记录应完整，不应发生遗失或损坏。

日常维护工作，追根到底是为了减少系统的损坏，将各种隐患扼杀在萌芽之中，将系统损坏带来的损失降到最小。

学习活动2　工作区子系统

活动目标

（1）什么是工作区子系统；

（2）工作区的划分原则；

（3）工作区适配器的选用原则；

（4）工作区设计要点；

（5）信息插座连接技术要求。

实训地点

信息网络布线实训室。

活动课时

2 课时。

活动过程

1. 什么是工作区子系统

工作区子系统是指从信息插座延伸到终端设备的整个区域，即将一个独立的需要设置终端的区域划分为一个工作区。工作区可支持电话机、数据终端、计算机、电视机、监视器以及传感器等终端设备。它包括信息插座、信息模块、网卡和连接所需的跳线，并在终端设备和 I/O 设备之间搭接，相当于电话配线系统中连接电话机的用户线及电话机终端部分。工作区子系统如图 1－2 所示。

2. 工作区的划分原则

按照国家标准 GB 50311 的规定，工作区是一个独立的需要设置终端设备的区域。工作区应由水平子系统的信息插座延伸到终端设备处的连接线缆及适配器组成。

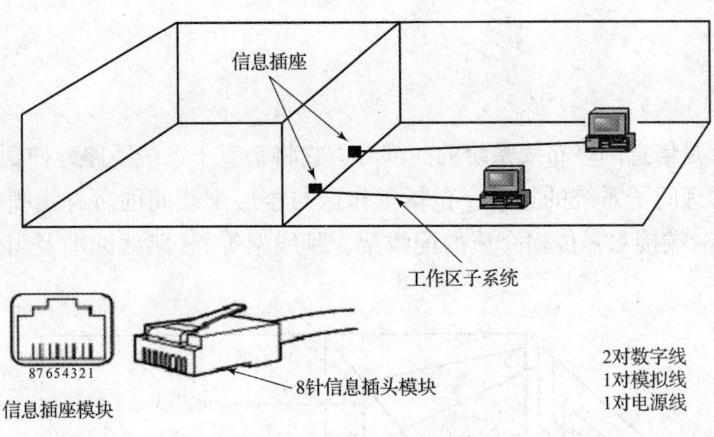

图1-2　工作区子系统

3. 工作区适配器的选用原则

(1) 在采用不同于信息插座的设备连接器时，可用专用线缆及适配器；

(2) 在单一信息插座上进行两项服务时，可用Y形适配器；

(3) 在水平子系统中选用的线缆类别（介质）不同于设备所需的线缆类别（介质）时，宜采用适配器。

4. 工作区设计要点

(1) 工作区内线槽的敷设要合理、美观；

(2) 信息插座设计在距离地面30 cm以上；

(3) 信息插座与计算机设备的距离保持在5 m范围内。

5. 信息插座连接技术要求

信息插座是终端（工作站）与水平子系统连接的接口。其中最常用的为RJ45信息插座，即RJ45连接器。

在实际设计时，必须保证每个4对双绞线电缆终接在工作区中一个8针的模块化插座（插头）上。

学习活动3　水平子系统

活动目标

(1) 水平子系统的基本结构；

(2) 水平子系统布线的基本要求；

(3) 水平子系统设计应考虑的几个问题；

(4) 水平子系统的设计原则。

实训地点

信息网络布线实训室。

活动课时

2课时。

活动过程

1. 水平子系统的基本结构

水平子系统是信息网络布线系统的一部分，它将垂直子系统线路延伸到用户工作区，实现信息插座和管理间子系统的连接，包括工作区与楼层配线间的所有线缆、连接硬件（信息插座（插头）、端接水平传输介质的配线架、跳线架等）、跳线线缆及附件。水平子系统如图 1－3 所示。

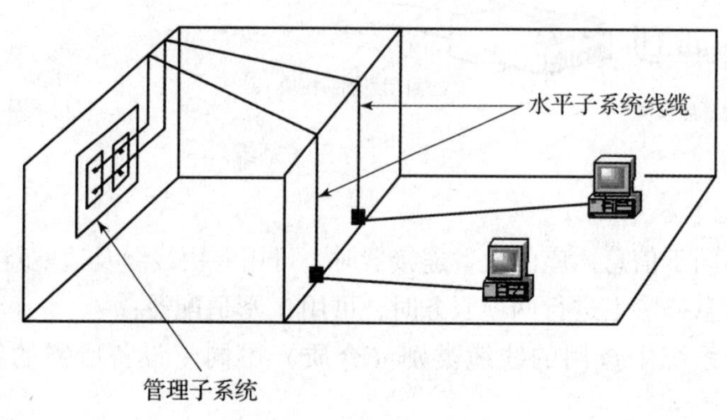

图 1－3　水平子系统

2. 水平子系统布线的基本要求

相对于垂直子系统而言，水平子系统一般安装得十分隐蔽。在智能大厦交工后，水平子系统很难接近，因此更换和维护水平子系统线缆的费用很高、技术要求也很高。如果经常对水平线缆进行维护和更换，会影响智能大厦内用户的正常工作，严重时还可能中断用户的通信系统。由此可见，水平子系统的管路敷设、线缆选择将成为信息网络布线系统设计中的重要组成部分。

3. 水平子系统设计应考虑的几个问题

水平子系统应根据楼层用户类别及工程提出的近、远期终端设备要求确定每层的信息点（TO）数，在确定信息点数及位置时，应考虑终端设备将来可能产生的移动、修改、重新安排，以便选定一次性建设和分期建设的方案。

4. 水平子系统的设计原则

水平子系统设计的步骤一般为：首先进行需求分析，与用户进行充分的技术交流，了解建筑物的用途，然后认真阅读建筑物设计图纸，确定工作区子系统信息点的位置和数量，完成信息点数表；其次进行初步规划和设计，确定每个信息点的水平布线路径；最后确定布线材料规格和数量，列出布线材料规格和数量统计表。

学习活动 4　垂直子系统

活动目标

（1）垂直子系统的基本概念；

（2）垂直子系统组成管理间子系统的设计原则；

（3）垂直子系统的设计原则。

实训地点

信息网络布线实训室。

活动课时

2 课时。

活动过程

1. 垂直子系统的基本概念

垂直干线子系统是信息网络布线系统中非常关键的组成部分，它由设备间子系统与管理间子系统的引入口之间的布线组成，采用大对数电缆或光缆，两端分别连接在设备间和楼层配线间的配线架上。它是建筑物内综合布线的主馈线缆以及楼层配线间与设备间之间垂直布放（或空间较大的单层建筑物的水平布线）线缆的统称。

（1）供各条干线接线间之间的电缆走线用的竖向或横向通道；

（2）主设备间与计算机中心间的电缆。

垂直子系统的任务是通过建筑物内部的传输线缆，把各个服务接线间的信号传送到设备间，直到传送到最终接口，再通往外部网络。垂直子系统的结构是一个星形结构。

垂直子系统如图 1－4 所示。

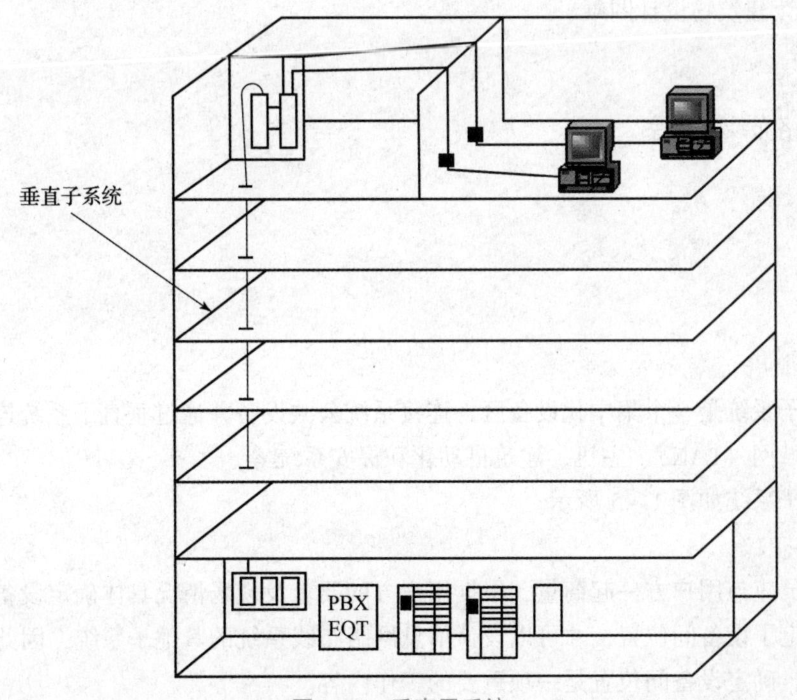

图 1－4　垂直子系统

2. 垂直子系统组成管理间子系统的设计原则

（1）提供各条干线接线间的线缆走线所用的竖向或横向通道；

（2）作为主设备间与计算机中心间的线缆。

3. 垂直子系统的设计原则

1）设计步骤

垂直子系统的设计步骤一般为：首先进行需求分析，与用户进行充分的技术交流，了解建筑物的用途，然后认真阅读建筑物设计图纸，确定管理间位置和信息点数量；其次进行初步规划和设计，确定每条垂直子系统布线路径；最后确定布线材料规格和数量，列出布线材料规格和数量统计表。

2）一般工作流程

需求分析→技术交流→阅读建筑物图纸→规划和设计→完成布线材料规格和数量统计表。

学习活动5　设备间子系统

活动目标

（1）设备间子系统的基本概念；

（2）设计步骤；

（3）需求分析；

（4）技术交流；

（5）阅读建筑物设计图纸。

实训地点

信息网络布线实训室。

活动课时

2 课时。

活动过程

1. 设备间子系统的基本概念

设备间子系统是一个集中化设备区，连接系统公共设备并通过垂直子系统连接至管理子系统，如局域网（LAN）、主机、建筑自动化和保安系统等。

设备间子系统如图 1－5 所示。

2. 设计步骤

设计人员应与用户方一起商量，根据用户方的要求及现场情况具体确定设备间的最终位置。只有确定了设备间位置，才可以设计信息网络布线系统的其他子系统，因此在进行用户需求分析时，确定设备间位置是一项重要的工作内容。

3. 需求分析

设备间子系统是信息网络布线系统的精髓，设备间的需求分析围绕整个楼宇的信息点数量，设备的数量、规模，网络构成等进行，每幢建筑物内应至少设置 1 个设备间，如果电话

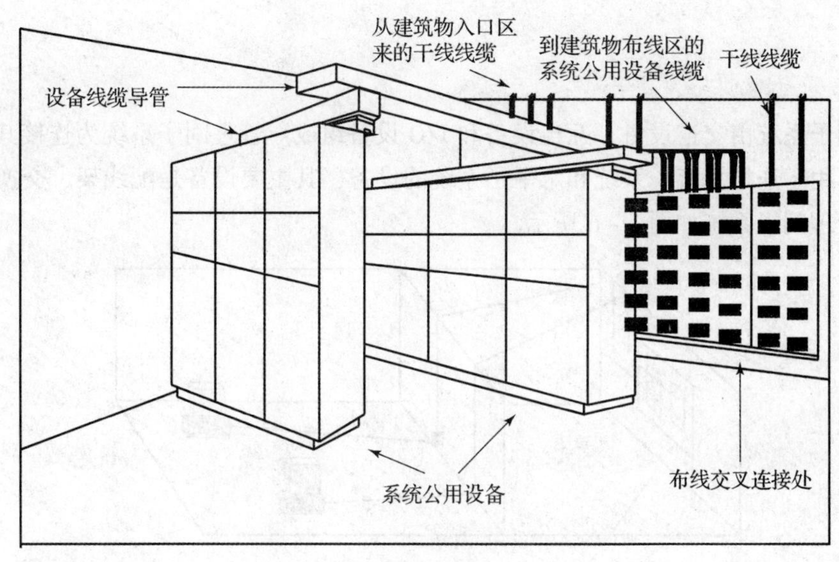

图1-5　设备间子系统

交换机与计算机网络设备分别安装在不同的场地或有安全需要，也可设置2个或2个以上设备间，以满足不同业务的设备安装需要。

4. 技术交流

在进行需求分析后，要与用户进行技术交流，不仅要与技术负责人交流，还要与项目或者行政负责人交流，进一步充分和广泛地了解用户的需求，特别是未来的扩展需求。

5. 阅读建筑物设计图纸

在确定设备间位置前，索取并认真阅读建筑物设计图纸是必要的，通过阅读建筑物设计图纸可掌握建筑物的土建结构、强电路径、弱电路径，特别是主要与外部配线连接的接口位置，重点掌握设备间附近的电器、电源插座、暗埋管线等。

学习活动6　管理间子系统

活动目标

（1）什么是管理间子系统；
（2）管理间子系统的划分原则；
（3）管理间子系统的设计原则；
（4）管理子系统连接器件；
（5）光纤管理器件。

实训地点

信息网络布线实训室。

活动课时

2课时。

活动过程

1. 什么是管理间子系统

管理间子系统由交连设备、互连设备和I/O设备组成。管理间子系统为连接其他子系统提供手段，用于连接垂直子系统和水平子系统的设备，其主要设备是配线架、交换机、机柜和电源。管理间子系统如图1-6所示。

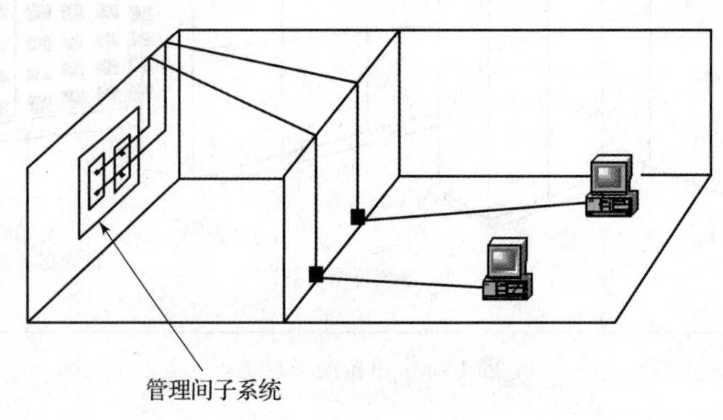

图1-6　管理间子系统

2. 管理间子系统的划分原则

管理间（电信间）主要为楼层安装配线设备（机柜、机架、机箱等）和楼层计算机网络设备［集线器（HUB）或交换机（SW）］的场地，可考虑在该场地设置线缆竖井等电位接地体、电源插座、UPS配电箱等设施。

3. 管理间子系统的设计原则

每个楼层一般应至少设置1个管理间。在特殊情况下，如每层信息点数量较少，且水平线缆长度不大于90 m，宜几个楼层合设一个管理间。

4. 管理子系统连接器件

管理子系统的管理器件根据综合布线所用介质类型分为两大类，即铜缆管理器件和光纤管理器件。这些管理器件用于配线间和设备间的线缆端接，以构成一个完整的信息网络布线系统。

5. 光纤管理器件

光纤管理器件根据光缆布线场合要求分为两类，即光纤配线架和光纤接线箱。光纤配线架适合规模较小的光纤互连场合，而光纤接线箱适合光纤互连较密集的场合。

学习活动7　建筑群子系统

活动目标

（1）什么是建筑群子系统；

（2）建筑群子系统的设计步骤；

（3）建筑群子系统中线缆布线方法。

实训地点

信息网络布线实训室。

活动课时

2 课时。

活动过程

1. 什么是建筑群子系统

建筑群子系统也称为楼宇管理子系统。一个企业或政府机关可能分散在几幢相邻建筑物或不相邻建筑物内办公。彼此之间的语音、数据、图像和监控等系统可用传输介质和各种支持设备（硬件）连接在一起。连接各建筑物之间的传输介质和各种支持设备（硬件）组成一个建筑群综合布线系统。连接各建筑物之间的线缆组成建筑群子系统。建筑物信息网络布线系统典型应用示意如图 1－7 所示。

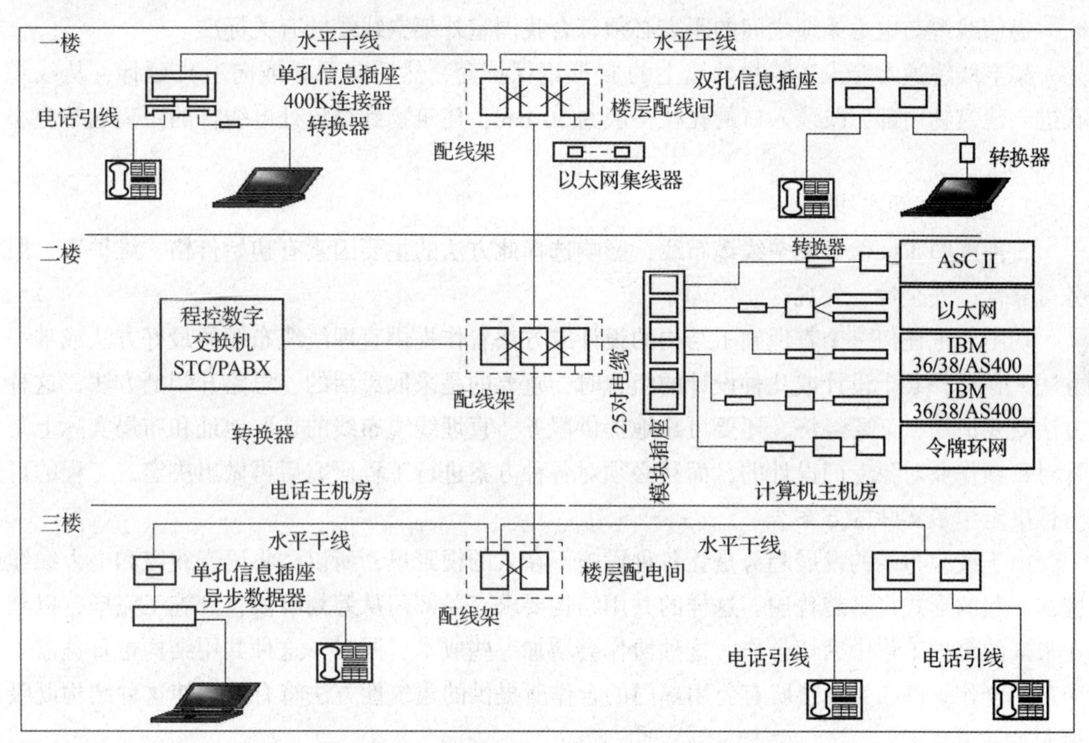

图 1－7　建筑物信息网络布线系统典型应用示意

2. 建筑群子系统的设计步骤

（1）确定敷设现场的特点：确定工地大小、互连建筑物的数量等；

（2）确定线缆系统的一般参数：起止点位置、每个端接点所需的线缆数量；

（3）确定建筑物的线缆入口；

（4）确定明显障碍物的位置，确定架设线路上的地理情况；

（5）确定主线缆路由和备用线缆路由；

（6）选择所需线缆类型和规格；

（7）确定每种选择方案所需的劳务成本；

（8）确定每种选择方案的材料成本；

（9）选择最经济、最实用的设计方案。

3. 建筑群子系统中线缆布线方法

在建筑群子系统中线缆布线方法有以下 4 种。

1）架空线缆布线

架空安装方法通常只用于现成电线杆，而且线缆的走法不是主要考虑内容的场合，从电线杆至建筑物的架空进线距离以不超过 30 m 为宜。建筑物的线缆入口可以是穿墙的线缆孔或管道。入口管道的最小口径为 50 mm。建议另设一根同样口径的备用管道，如果架空线的净空有问题，可以使用天线杆型入口。该天线的支架一般不应高于屋顶 1 200 mm。如果再高，就应使用拉绳固定。此外，天线杆型入口高出屋顶的净空间应有 2 400 mm，该高度正好使工人可摸到线缆。

通信线缆与电力线缆之间的距离必须符合我国室外架空线缆的有关标准。

架空线缆通常穿入建筑物外墙上的 U 形钢保护套，然后向下（或向上）延伸，从线缆孔进入建筑物内部，线缆入口的孔径一般为 50 mm，建筑物到最近处电线杆的距离通常应小于 30 m。

2）直埋线缆布线

直埋线缆布线优于架空线缆布线，影响选择此方法的主要因素有初始价格、维护费、服务可靠性、安全性、外观。

切不要把任何一个直埋施工结构的设计或方法看作提供直埋线缆布线的最好方法或唯一方法。在选择某个设计或几种设计的组合时，重要的是采取灵活的、思路开阔的方法。这种方法既要适用，又要经济，还要可靠地提供服务。直埋线缆布线的选取地址和布局实际上是针对每项作业对象专门设计的，而且必须对各种方案进行工程研究后再做出决定。工程的可行性决定了最实际的方案。

由于线缆布线的发展趋势是让各种设施不在人的视野里，所以，将语音线缆和电力线缆埋在一起的形式将日趋普遍，这样的共用结构要求有关部门从筹划阶段直到施工完毕，以至在未来的维护工作中密切合作。这种协作会增加一些成本，同时，这种共用结构也日益需要用户的合作。PDS 为改善所有公用部门的合作所提供的建筑性方法将有助于使这种结构既吸引人，又很经济。

3）管道系统线缆布线

管道系统的设计方法就是把直埋线缆设计原则与管道设计步骤结合在一起。当考虑建筑群管道系统时，还要考虑接合井。在建筑群管道系统中，接合井的平均间距约为 180 m，或者在主结合点处设置接合井。

接合井可以是预制的，也可以是现场浇筑的。应在结构方案中标明使用哪一种接合井。预制接合井是较佳的选择。现场浇筑的接合井只在下述几种情况下才允许使用：该处的接合井需要重建；该处需要使用特殊的结构或设计方案；该处的地下或头顶空间有障碍物，因而无法使用预制接合井；作业地点的条件（例如沼泽地或土壤不稳固等）不适于安装预制人孔。

4）隧道内线缆布线

在建筑物之间通常有地下通道，其大多用于供暖供水，利用这些地下通道来敷设线缆不仅成本低，而且可利用原有的安全设施。例如，考虑到暖气泄漏等条件，安装线缆时应使线缆与供气、供水、供暖的管道保持一定的距离，安装在尽可能高的地方，可根据民用建筑设施的有关条例进行施工。

任务总结

本学习任务主要讲述信息网络布线系统的基本概念，分为7个学习活动开展，内容包括信息网络布线系统的定义、国内外信息网络布线系统施工的标准、信息网络布线系统的划分标准和系统构成，详细阐述了信息网络布线系统的6个子系统，并对各个子系统的划分原理、设计要点、基本结构、设计步骤进行了系统讲解。

学习任务二　常用工具

学习目标

（1）了解综合布线工程中常用的工具；

（2）掌握常用工具的用法。

建议课时

6课时。

工作流程与活动

学习活动1　铜缆端接工具；

学习活动2　光纤端接工具；

学习活动3　辅助布线工具；

学习活动4　常用测试仪器。

工作情景描述

“工欲善其事，必先利其器”，一件合适的工具能够为工作带来事半功倍的效果，而综合布线工程的实现过程，归根到底就是实施人员按照设计图纸将各种线缆、连接件通过适当的工具相互端接、互连起来的过程。下面介绍几种在综合布线工程中常用的工具。

学习活动1　铜缆端接工具

活动目标

（1）了解常用的铜缆端接工具；

（2）掌握常用铜缆端接工具的使用方法。

实训地点

信息网络布线实训室。

活动课时

2 课时。

活动过程

1. RJ45 单用压接工具（RJ45 压线钳）

在双绞线网线制作过程中，RJ45 压线钳是最主要的制作工具，如图 2－1 所示。RJ45 压线钳包括了切割双绞线、剥离外护套、压接水晶头等多种功能。

RJ45 压线钳针对不同的线材有不同的规格，在购买时一定要注意选对类型。

图 2－1　RJ45 压线钳

2. RJ45、RJ11 双用压接工具（双用压线钳）

双用压线钳适用于 RJ45、RJ11 水晶头的压接，如图 2－2 所示。

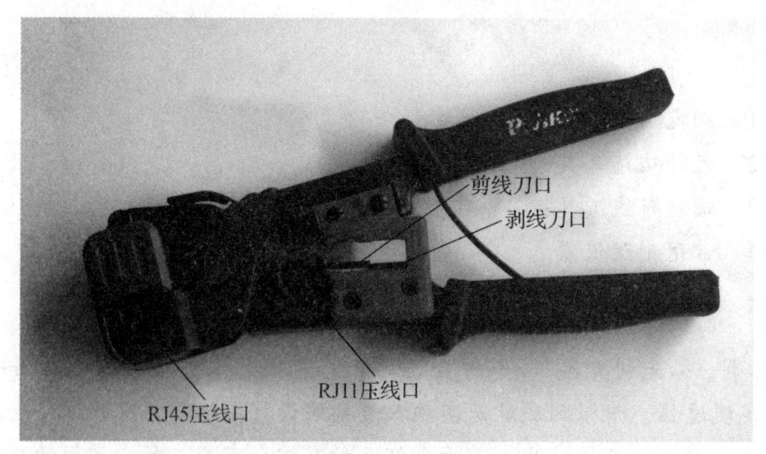

图 2－2　双用压线钳

3. 斜口钳

斜口钳主要用于剪切导线、元器件多余的引线，还常用来代替一般剪刀剪切绝缘套管、尼龙扎线卡等，如图 2－3 所示。

4. 单对 110 型打线器

单对 110 型打线器适用于线缆、110 型模块及配线架的连接作业。使用时只需要简单地在手柄上推一下，就能将导线卡接在模块中，完成端接过程，如图 2－4 所示。

图 2－3　斜口钳

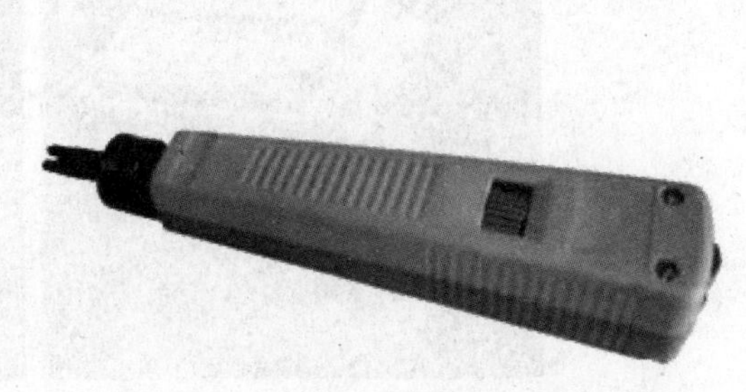

图 2－4　单对 110 型打线器

5. 5 对 110 型打线工具

5 对 110 型打线器是一种简便快捷的 110 型连接端子打线工具，是 110 配线（跳线）架卡接连接块的最佳工具。该工具一次最多可以接 5 对连接块，操作简单，省时省力。5 对 110 型打线器适用于缆线、跳接块及跳线架的连接作业，如图 2－5 所示。

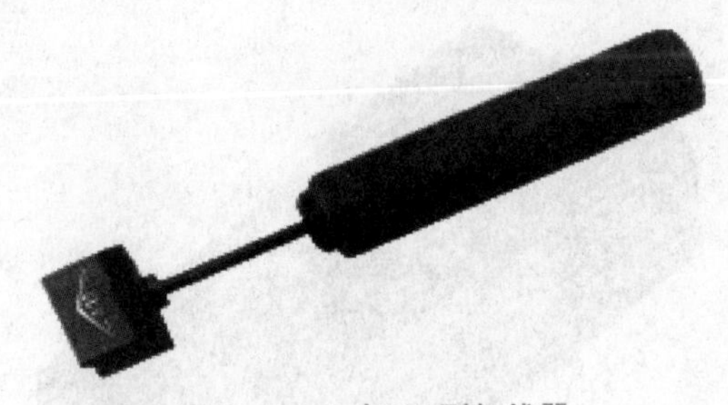

图 2－5　5 对 110 型打线器

6. 剥线器

剥线器又称为小黄刀，不仅外形小巧且简单易用，如图 2－6 所示。操作时只需要把线放在相应尺寸的孔内并旋转 3～5 圈即可除去线缆的外护套。

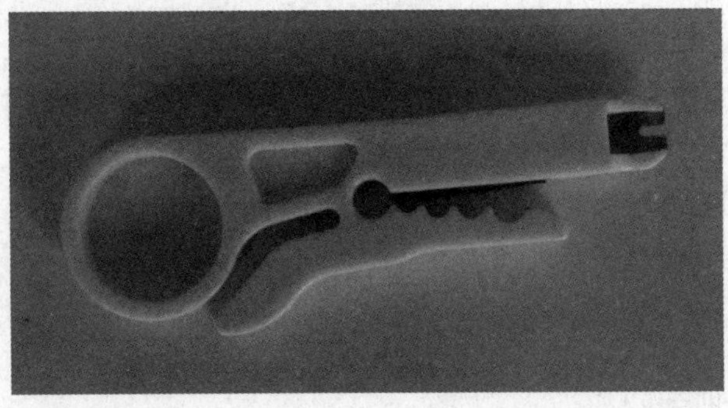

图 2－6　剥线器

7. 手掌保护器

由于把双绞线的4对芯线卡入信息模块的过程比较费劲，并且由于信息模块容易划伤手，所以人们专门生产了一种打线保护装置——手掌保护器。手掌保护器可以使人更加方便地把线卡入信息模块，还可以起到隔离手掌，保护手的作用。手掌保护器如图2-7所示。

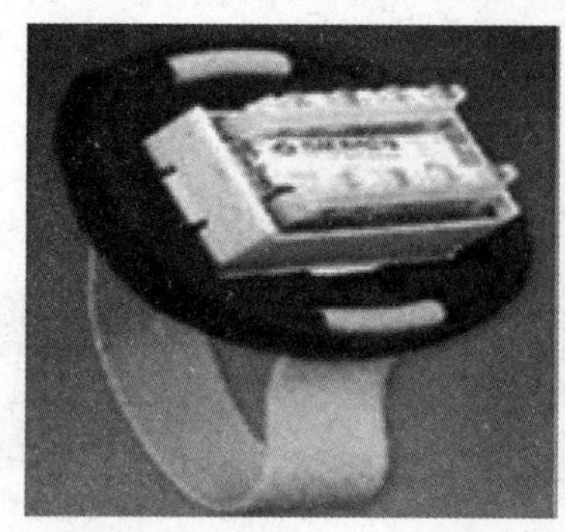

图2-7　手掌保护器

8. 标签打印机

标签打印机的主要作用是使用标签色带等耗材打印出合适的标识标签。在信息网络布线系统中，要使用大量的标识标签，通过标签打印机可以迅速制作各种符合信息网络布线规格的标识标签。信息网络布线施工中一般常用手持式标签打印机，如图2-8所示。

图2-8　手持式标签打印机

学习活动2　光纤端接工具

活动目标

（1）了解常用的光纤端接工具；

（2）掌握常用光纤端接工具的使用方法。

实训地点

信息网络布线实训室。

活动课时

2 课时。

活动过程

1. 开缆工具

开缆工具主要包括横向开缆刀，纵向开缆刀，横、纵向综合开缆刀，钢丝钳等，如图 2－9 所示。

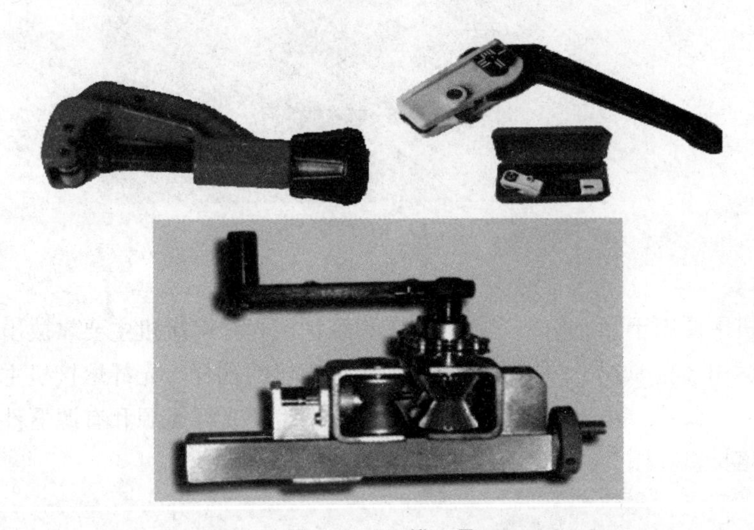

图 2－9　开缆工具

2. 光纤剥离钳

光纤剥离钳用于玻璃光纤涂覆层和外护层。光纤剥离钳的种类很多。双口光纤剥离钳具有双开口、多功能的特点。钳刃上的 V 形口用于精确剥离 250 gm、500 pm 的涂覆层和 900 μm 的缓冲层。第二开孔用于剥离 3mlT1 的尾纤外护层。所有切端面都有精密的机械公差以保证干净平滑地操作。不使用时可将刀口锁在关闭状态。光纤剥离钳如图 2－10 所示。

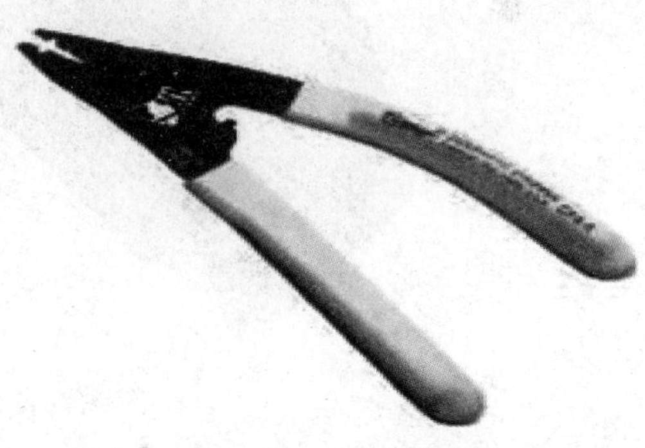

图 2－10　光纤剥离钳

3. 光纤切割刀

光纤切割刀用于切割像头发一样细的光纤，切出来的光纤用几百倍的放大镜可以看出来是平的，切后且平的两根光纤才可以放电对接。

目前使用的光纤材料为石英，所以光纤切割刀所切的材质有以下要求。

（1）石英光纤：单芯或多芯石英裸光纤；

（2）石英光纤包层直径：100～150 μm。

光纤切割刀如图 2－11 所示。

图 2－11　光纤切割刀

4. 光纤熔接机

光纤熔接机主要用于光通信中光缆的施工和维护。光纤熔接机主要靠放出电弧将两头光纤熔化，同时运用准直原理平缓推进，以实现光纤模场的耦合。光纤熔接机主要运用于各大电信运营商、工程公司、企事业单位专网等，也用于生产光纤无源和有源器件、模块等的光纤熔接。光纤熔接机如图 2－12 所示。

图 2－12　光纤熔接机

现在为了施工的方便，人们开发出了手持式光纤熔接机，还有专门用来熔接带状光纤的带状光纤熔接机。手持式光纤熔接机如图 2－13 所示。

学习活动 3　辅助布线工具

活动目标

（1）了解辅助布线工具；

（2）掌握辅助布线工具的使用方法。

图 2－13　手持式光纤熔接机

实训地点

信息网络布线实训室。

活动课时

2 课时。

活动过程

1. 充电旋具

充电旋具可单手操作，配合各式通用的六角工具头可以拆卸及锁入螺钉、钻洞等。

1）电动螺丝刀

电动螺丝刀由电动机、电源开关、电缆和钻头等组成。用钻头钥匙开启钻头锁，使钻夹头扩开或拧紧，使钻头松出或固牢。电动螺丝刀如图 2－14 所示。

2）冲击电钻

冲击电钻由电动机、减速箱、冲击头、辅助手柄、开关、电源线、插头和钻头夹等组成，适合在混凝土、预制板、瓷面砖、砖墙等建筑材料上进行钻孔或打洞。冲击电钻如图 2－15 所示。

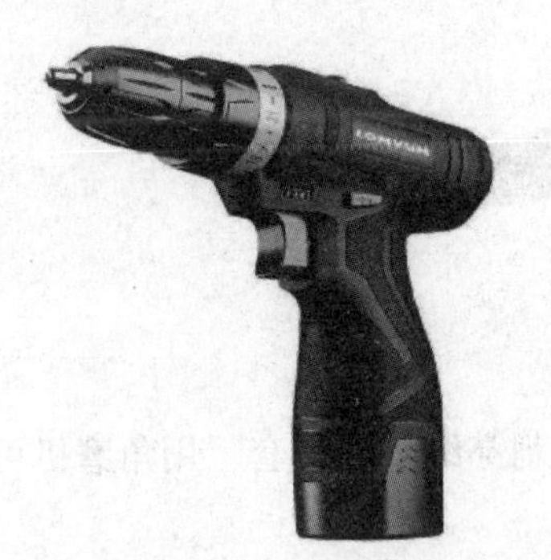

图 2－14　电动螺丝刀

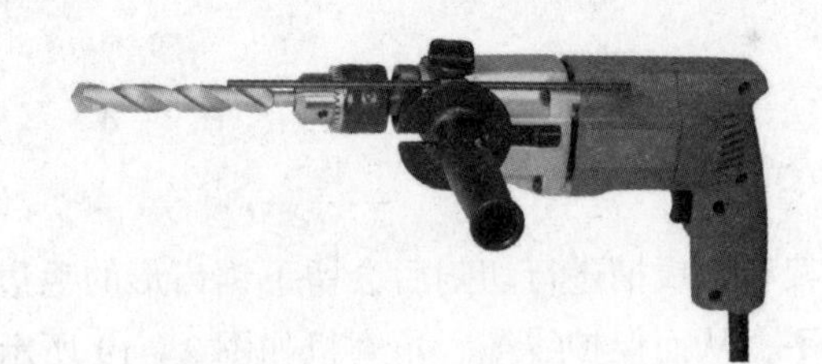

图 2－15　冲击电钻

3）电锤

电锤是以单相串激电动机为动力，适合在混凝土、岩石、砖石砌体等脆性材料上进行钻孔、开槽、凿毛等作业。电锤如图 2－16 所示。

图 2－16　电锤

4）电镐

电镐采用精确的重型电锤机械结构。电镐具有极强的混凝土铲凿功能，比电锤功率大，更具冲击力和振动力，减振控制使操作更加安全，并具有生产效能可调控的冲击能量，适用于多种材料条件下的施工。电镐如图 2 – 17 所示。

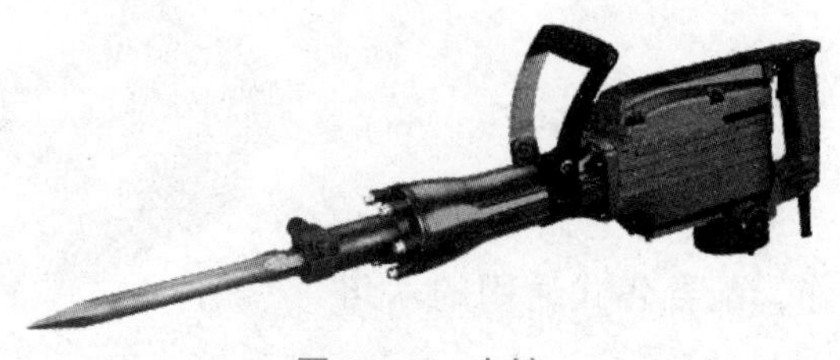

图 2 – 17　电镐

2. 线槽剪

线槽剪是 PVC 线槽或平面塑胶条切断专用剪，剪出的端口整齐美观，宽度在65 mm 以下的线槽都可以使用。线槽剪如图 2 – 18 所示。

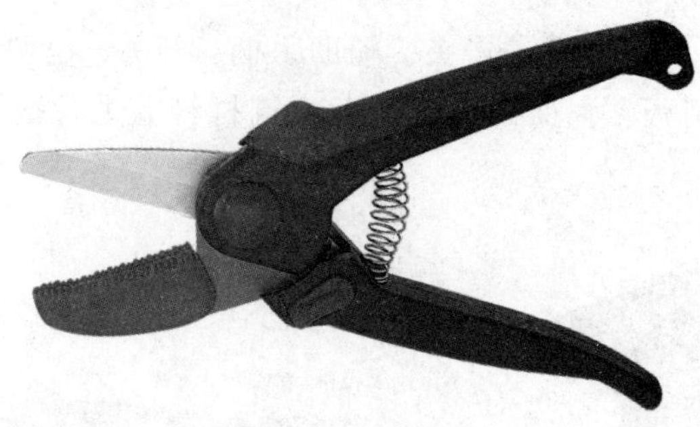

图 2 – 18　线槽剪

3. 角磨机

桥架和金属槽进行切割后会留下锯齿形的毛边，会刺穿线缆的外套，用角磨机可将这些毛边磨平，从而保护线缆。角磨机如图 2 – 19 所示。

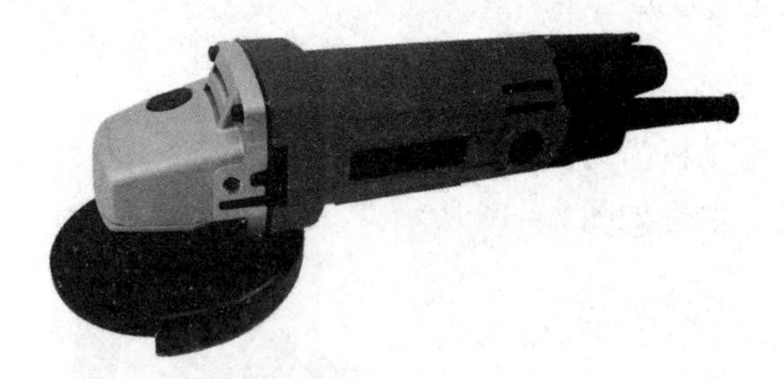

图 2 – 19　角磨机

4. 型材切割机

在桥架、线槽施工过程中经常需要进行切割操作，这时需要采用型材切割机完成对桥架、线槽的切割。型材切割机如图 2 – 20 所示。

图 2－20　型材切割机

当前，在信息网络布线工程中使用最多的线缆是电缆（双绞线）和光缆，而不同类型的线缆与连接器要求不同的工具来操作，因此深入了解和掌握各种工具的用法是做好综合布线工作的基础。

此外，由于大部分工具都有锋利的刀口，光纤熔接机还有高压电流，所以在使用工具的过程中必须严格遵守操作规范，安全使用各种工具，以避免造成伤害事故。

学习活动 4　布线常用测试仪器

活动目标

（1）了解布线常用测试仪器；

（2）掌握布线常用测试仪器的使用方法。

实训地点

信息网络布线实训室。

活动课时

2 课时。

活动过程

网络测试仪通常也称为专业网络测试仪或网络检测仪，是一种可以检测 OSI 模型定义中的物理层、数据链路层、网络层运行状况的便携、可视的智能检测设备，主要适用于局域网故障检测、维护和综合布线施工中，网络测试仪的功能涵盖物理层、数据链路层和网络层。

1. 网线测试能手

网线测试能手可以简单测试网线跳线是否通断、线序是否正确。网线测试能手由主机和附机组成，两边都有 LED 指示灯，通过 LED 指示灯的闪烁次序检查线缆的通断，如图 2－21 所示。

图 2－21　网线测试能手

2. 寻线仪

在信息网络布线施工中，寻线仪对网络管理员或者从事网络方面工作的人来说不会陌生，在日常工作中会经常用到寻线仪，所谓寻线仪就是用来找线的仪器，可以在一大堆网线中找到对应的那根，可以为人们节约许多时间，使工作变得简单快捷。寻线仪由两部分组成，一端发射信号，一端接收信号，如图 2－22 所示。

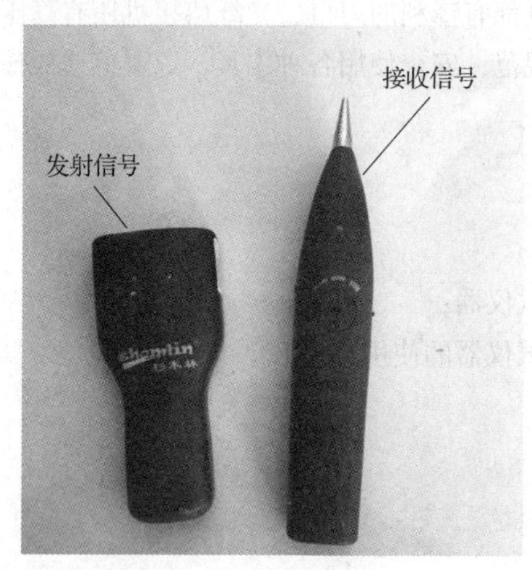

图 2－22　寻线仪

3. 光功率计和红光笔

光功率计（optical power meter）是指用于测量绝对光功率或通过一段光纤的光功率相对损耗的仪器。在光纤系统中，测量光功率是最基本的工作，光功率计的作用非常像电子学中的万用表；在光纤测量中，光功率计是重负荷常用表。通过测量光端设备或光网络的绝对功率，一台光功率计能够评价光端设备的性能。用光功率计与稳定光源组合使用，则能够测量连接损耗，检验连续性，并帮助评估光纤链路传输质量。

红光笔又叫作通光笔、笔式红光源、可见光检测笔、光纤故障检测器、光纤故障定位仪等，多数用于检测光纤断点，其按最短检测距离划分为：5 km，10 km，15 km，20 km，25 km，30 km，35 km，40 km 等类型。红光笔通过恒流源驱动发射出稳定的红光，与光接口连接进入光纤，从而实现光纤故障检测功能。光功率计和红光笔如图 2 – 23 所示。

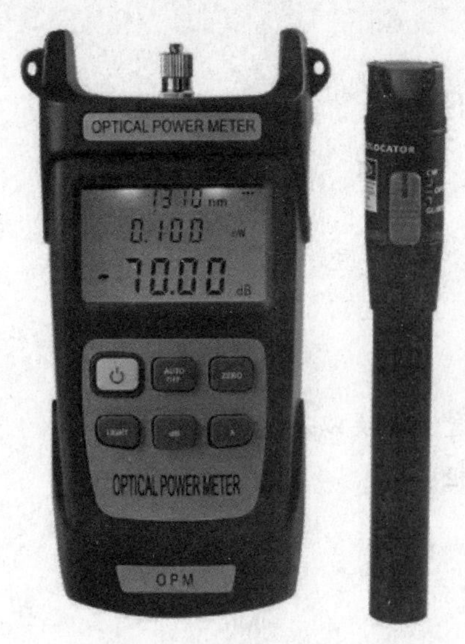

图 2 – 23　光功率计和红光笔

4. 电缆认证分析仪

电缆认证分析仪可以对网络线路质量进行评判，并最终给出评判报告，有效提高链路测试效率。DTX – CLT 电缆认证分析仪（Cat5e）包括 DTX – CLT 主机和智能远端、LinkWarePC 软件、Cat6/ClassE 类通道适配器（2）、DTX – REFMOD 基准模块、交流充电器（2）、携带包、USB 接口电缆（MINI – B）等。DTX – CLT 电缆认证分析仪如图 2 – 24 所示。

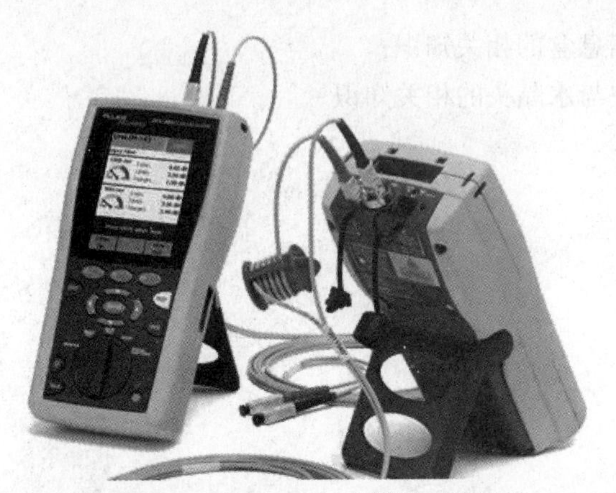

图 2 – 24　DTX – CLT 电缆认证分析仪

任务总结

本学习任务主要讲述信息网络布线中常用的工具，分为 4 个学习活动开展，分别对信息网络布线中常用的铜缆端接工具和光纤端接工具进行介绍，还包括施工过程中需要用到的测试仪器。通过本学习任务的学习，学生可对信息网络布线中的常用工具有初步认识。

学习任务三　常用材料

学习目标

（1）掌握常用材料的基础知识；

（2）熟悉四大类别材料。

建议课时

8课时。

工作流程与活动

学习活动1　面板、信息盒、模块以及水晶头；

学习活动2　配线架、机柜；

学习活动3　跳线；

学习活动4　管槽、桥架。

工作情景描述

信息网络布线的材料是组建信息网络布线系统的基础。下面介绍几种在综合布线工程中常见的材料。

学习活动1　面板、信息盒、模块以及水晶头

活动目标

（1）掌握面板与信息盒的相关知识；

（2）掌握信息模块与水晶头的相关知识。

实训地点

信息网络布线实训室。

活动课时

2课时。

活动过程

1. 面板与信息盒

（1）信息盒（底盒）是位于工作区子系统的综合布线产品，面板覆盖在信息盒的外表面，用于在信息出口位置固定信息模块，如图3-1所示。

（2）常用面板分为单口面板和双口面板，面板外型尺寸符合国标86型、120型。

①86型面板的宽度和长度均为86 mm，通常采用高强度ABS/PC工程塑料材料制成，适合安装在墙面上，具有防尘功能，如图3-2所示。

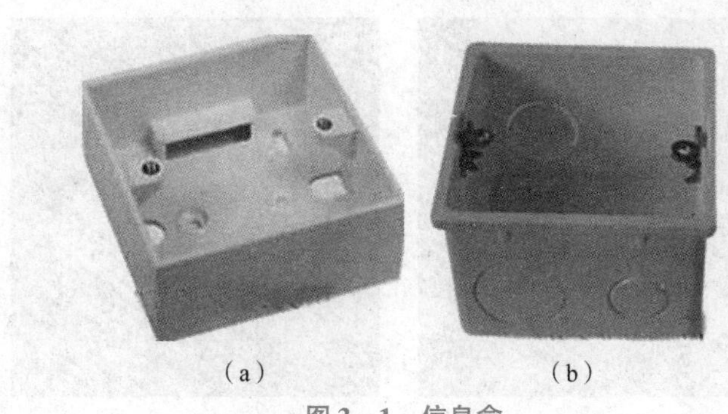

（a）　　（b）

图 3－1　信息盒

（a）明装底盒；（b）暗装底盒

图 3－2　86 型面板

②120 型面板的宽度和长度均为 120 mm，通常采用铜等金属材料制成，并且适合安装在地面上，具有防尘、防水功能，如图 3－3 所示。

图 3－3　120 型面板（地弹式信息点、插座）

2. 信息模块与水晶头

（1）信息模块分为六类、超五类、三类，且有屏蔽和非屏蔽之分。目前常用超五类和六类信息模块。信息模块满足 T－568A 传输标准，符合 T568A 和 T568B 线序，适用于设备间与工作区的通信插座连接。芯针触点材料为 50 μm 的镀金层，耐用性为 1 500 次插拔。信息模块如图 3－4 所示。

（2）水晶头的术语名称为 RJ45 连接器，是铜缆布线中的标准连接器，分为非屏蔽水晶头和屏蔽水晶头。水晶头和信息模块共同组成一个完整的连接器单元，用来连接双绞线的两端，如图 3－5 所示。

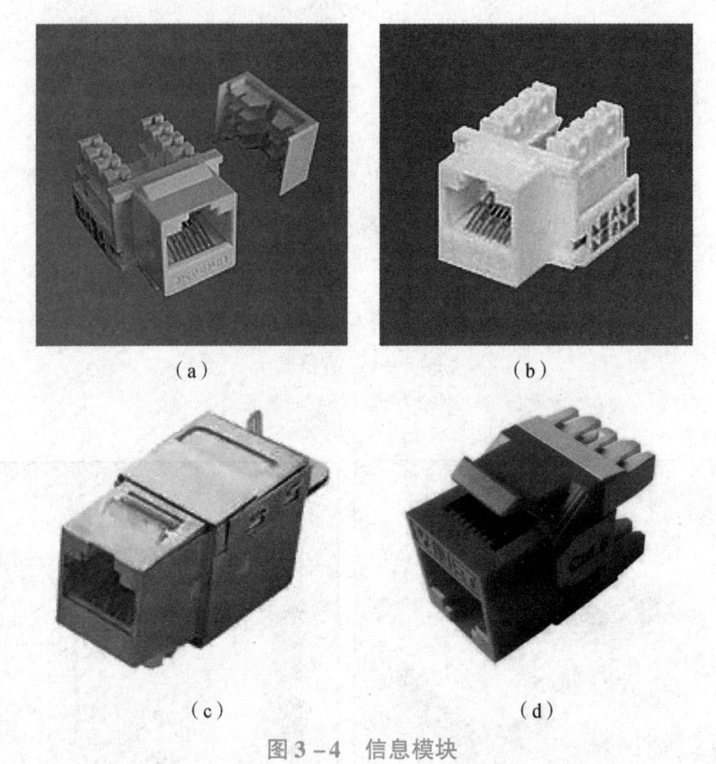

(a)　(b)　(c)　(d)

图 3－4　信息模块

(a) 超五类免压模块；(b) 超五类压接模块；(c) 六类非屏蔽模块；(d) 六类屏蔽模块

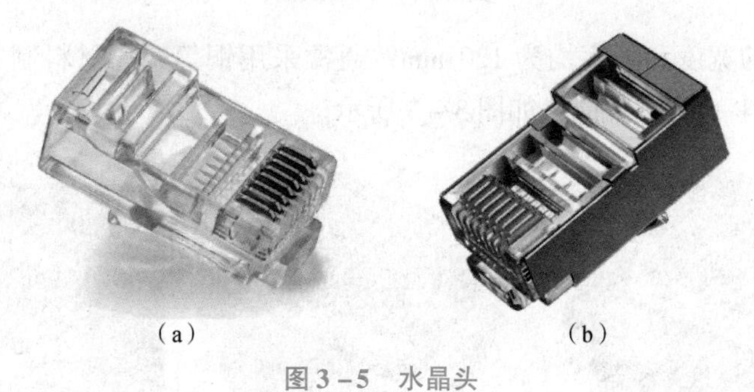

(a)　(b)

图 3－5　水晶头

(a) 非屏蔽水晶头；(b) 屏蔽水晶头

学习活动 2　配线架、机柜

活动目标

(1) 掌握配线架的相关知识；

(2) 掌握机柜的相关知识。

实训地点

信息网络布线实训室。

活动课时

2 课时。

活动过程

1. 配线架

配线架一般放置在管理间和设备间的机柜中，是实现垂直子系统和水平子系统交叉连接的枢纽。在网络工程中常用的配线架有双绞线配线架和光纤配线架。

1）双绞线配线架

双绞线配线架的种类较多，应用也比较广泛。48 口配线架和 24 口配线架如图 3－6 所示，110 型语音配线架如图 3－7 所示。

图 3－6　48 口配线架（上）和 24 口配线架（下）

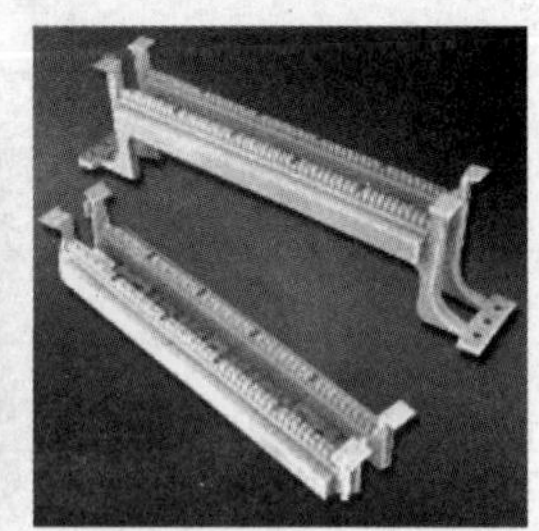

图 3－7　110 型语音配线架

双绞线配线架的作用是在管理间子系统中将双绞线进行交叉连接，用在主配线间和各分配线间。

2）光纤配线架

光纤配线架用于连接建筑群子系统、水平子系统和垂直子系统的各类光纤，如图 3－8 所示。

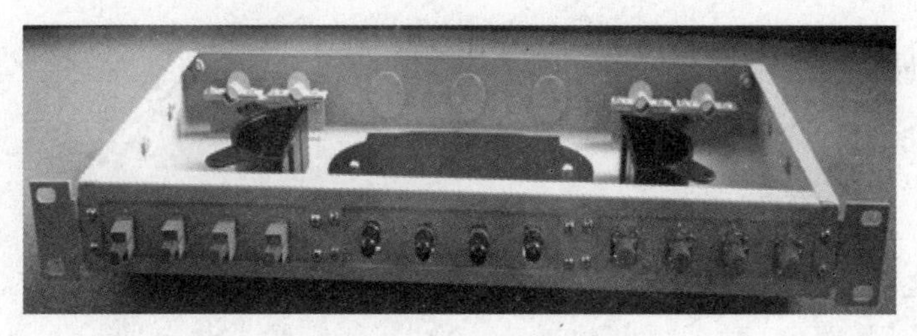

图 3－8　光纤配线架

光纤配线架的作用是在管理间子系统中对光缆进行连接，通常在主配线间和各分配线间进行，主要用于光缆终端的光纤熔接、光连接器安装、光路调接、多余尾纤存储及光缆保护。

除了上述材料以外，还有一种器材叫作线缆管理器，也称为理线架，它同样也是实际施工过程中必不可少的。理线架往往和配线架前面板配合使用，可有效减少线缆下垂对连接点和信号损耗的影响，并且对整个配线施工过程而言，能使其显得更为美观、整洁，如图3－9所示。

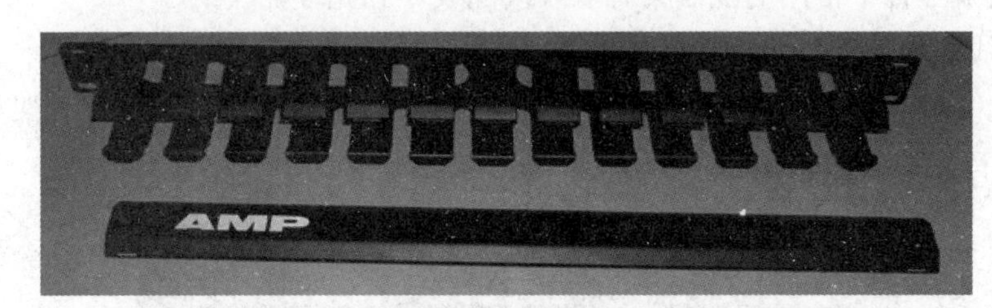

图3－9　理线架

2. 机柜

机柜是存放设备和线缆交接的地方。机柜以U为单元区分（1 U＝44.45 mm），大致可分为服务器机柜和网络机柜。19 in① 标准机柜的宽度为600 mm。一般情况下服务器机柜的深≥800 mm，而网络机柜的深≤800 mm。机柜的规格型号见表3－1。

表3－1　机柜的规格型号

产品名称	用户单元/U	规格型号（宽×深×高）/mm	产品名称	用户单元/U	规格型号（宽×深×高）/mm
普通墙柜系列	6	530×400×300	普通网络机柜系列	18	600×600×1 000
	8	530×400×400		22	600×600×1 200
	9	530×400×450		27	600×600×1 400
	12	530×400×600		31	600×600×1 600
普通服务器机柜系列（加深）	31	600×800×1 600		36	600×600×1 800
	36	600×800×1 800		40	600×600×2 000
	40	600×800×2 000		45	600×600×2 200

工程施工中最常用的服务器机柜如图3－10所示。

① 1 in＝0.025 4 m。

图 3－10　服务器机柜

学习活动 3　跳线

活动目标

掌握跳线的相关知识。

实训地点

信息网络布线实训室。

活动课时

2 课时。

活动过程

跳线一般指综合布线设备之间、网络设备之间或综合布线设备与网络设备之间的连接线缆。跳线的两个接头可以是学习任务二中所提及的 RJ45 接头，也可以是其他类型的接头。跳线大致可分为普通跳线和光纤跳线（又称为光纤连接器）。

1. 普通跳线

普通跳线根据采用配线架的不同而不同。

（1）模块化配线架采用模块化跳线（RJ45 跳线）进行线路连接，如图 3－11 所示。

图 3－11　RJ45 跳线

（2）IDC 式配线架可采用模块化跳插线和 IDC 跳插线（俗称“鸭嘴跳线”，如 BIX－BIX 跳插线、BIX－RJ45 跳插线），如图 3－12 所示。

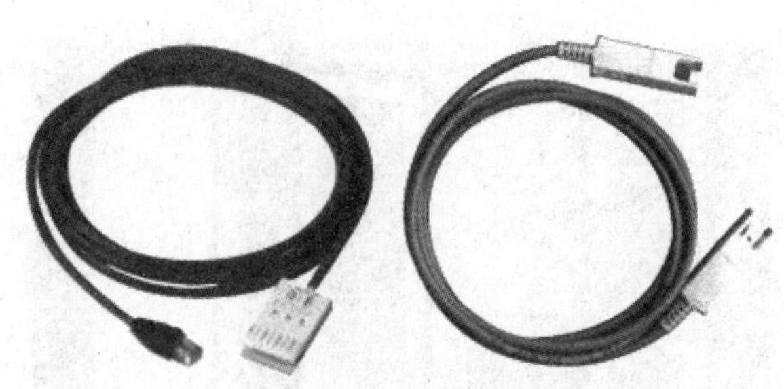

图 3-12　模块化跳插线（左）和 IDC 跳插线（右）

2. 光纤跳线

光纤跳线用来作从设备到光纤布线链路的跳接线。光纤跳线有较厚的保护层，一般用于光端机和终端盒之间的连接。光纤跳线的传输效率高于普通跳线。

1）光纤跳线的结构

光纤跳线是指光缆两端都装上连接器插头，用来实现光路活动连接；一端装有插头则称为尾纤。光纤跳线和同轴电缆相似，只是没有网状屏蔽层。其中心是光传播的玻璃芯。在多模光纤中，纤芯的直径是 50～65 μm，大致与人的头发的粗细相当。单模光纤纤芯的直径为 8～10 μm。纤芯外面包围着一层折射率比纤芯低的玻璃封套，以使光纤保持在纤芯内。封套外面是一层薄的塑料外套，用来保护封套。

2）光纤跳线的分类

光纤跳线按传输媒介的不同可分为常见的硅基光纤的单模、多模跳线，还有其他如以塑胶等为传输媒介的光纤跳线；按连接头结构形式可分为：FC 跳线、SC 跳线、ST 跳线、LC 跳线、MTRJ 跳线、MPO 跳线、MU 跳线、SMA 跳线、FDDI 跳线、E2000 跳线、DIN4 跳线、D4 跳线等各种形式。比较常见的光纤跳线也可以分为 FC－FC、FC－SC、FC－LC、FC－ST、SC－SC、SC－ST 等形式，如图 3－13 所示。

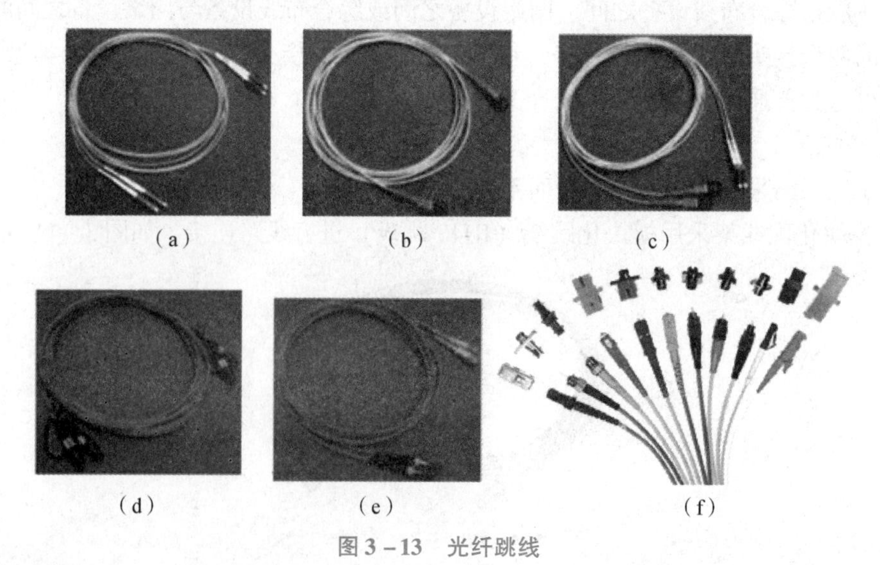

图 3－13　光纤跳线

(a) LC－LC；(b) SC－SC；(c) RJ45－BNC；(d) FC－FC；(e) SC－ST；(f) 概览

学习活动 4 管槽、桥架

活动目标

（1）掌握管槽的相关知识；

（2）掌握桥架的相关知识。

实训地点

信息网络布线实训室。

活动课时

2 课时。

活动过程

1. 管槽

1）线管

线管作为综合布线施工材料的一种，可分为金属管和塑料管。

（1）金属管。

金属管用于分支结构或暗埋的线路，它的规格有多种，外径以 mm 为单位。工程施工中常用的金属管有 D16、D20、D25、D32、D40、D50、D63、D25、D110 等规格。在金属管内穿线比线槽布线难度更大，在选择金属管时要注意管径选择得大一点，一般金属管内填充物占 30% 左右，以便于穿线。还有一种金属管是软管（俗称“蛇皮管”），供在弯曲的地方使用。

（2）塑料管。

塑料管分为两大类，即 PE 阻燃导管和 PVC 阻燃导管。

①PE 阻燃导管是一种塑料制半硬导管，按外径有 D16、D20、D25、D32 共 4 种规格，其外观为白色。

②PVC 阻燃导管以聚氯乙烯树脂为主要原料。小管径 PVC 阻燃导管可在常温下进行弯曲。PVC 阻燃导管按外径有 D16、D20、D25、D32、D40、D45、D63、D25、D110 等规格。

2）线槽

线槽作为综合布线施工材料的一种，可分为金属槽和塑料槽。

①金属槽。

金属槽由槽底和槽盖组成，每根槽一般长度为 2 m，槽与槽连接时使用相应尺寸的铁板和螺丝固定。金属槽的外型如图 3 – 14 所示。

在综合布线系统中使用的金属槽规格一般有 50 mm × 100 mm、100 mm × 100 mm、100 mm × 200 mm、100 mm × 300mm、200 mm × 400 mm 等多种规格。

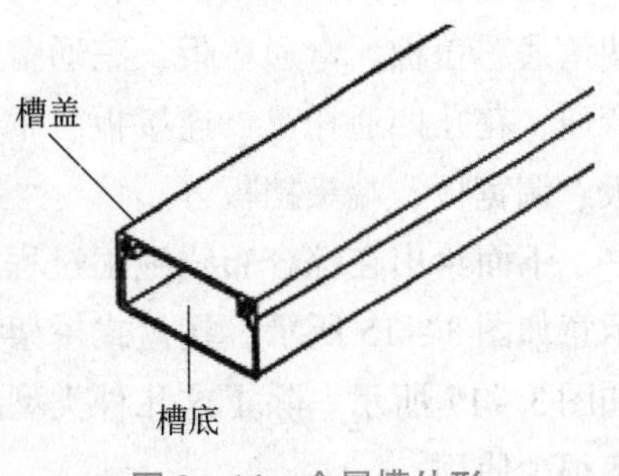

图 3 – 14 金属槽外形

②塑料槽。

塑料槽的外状与金属槽类似，但品种规格更多。塑料槽型号有 PVC－20 系列、PVC－25 系列、PVC－25F 系列、PVC－30 系列、PVC－40 系列、PVC－40Q 系列等。

塑料槽规格有 20 mm×12 mm、25 mm×12.5 mm、25 mm×25 mm、30 mm×15 mm、40 mm×20 mm 等。

金属槽与塑料槽除了本身所固有的规格以外，在施工过程中还需要辅以必要的槽配套附件，常用的槽配套附件见表 3－2。

表 3－2　常用的槽配套附件

产品名称	图例	出厂价/元	产品名称	图例	出厂价/元	产品名称	图例	出厂价/元
阳角		0.35	平三角		0.55	连接头		0.20
阴角			顶三通			终端头		
直转角		0.46	左三角			接线盒插口		
—	—	—	右三角			灯头盒插口		

2. 桥架

桥架是在建筑物内实施综合布线不可缺少的一个部分。桥架可划分为普通型桥架、重型桥架、槽式桥架。

1）普通型桥架

普通型桥架由以下主要配件组合：梯架、弯通、三通、四通、多节二通、凸弯通、凹弯通、调高板、端向连接板、调宽板、垂直转角连接件、连接板、小平转角连接板、隔离板等。

2）直边普通型桥架

直边普通型桥架由以下主要配件组合：梯架、弯通、三通、四通、多节二通、凸弯通、凹弯通、盖板、弯通盖板、三通盖板、四通盖、凸弯通盖板、凹弯通盖板、花孔托盘、花孔弯通、花孔四通托盘、连接板、垂直转角连接板、小平转角连接板、端向连接板护板、隔离板、调宽板、端头挡板等。

下面给出在综合布线施工过程中最常用的几个桥架空间结构示意。梯级式桥架空间布置示意如图 3－15 所示，托盘式桥架空间布置示意如图 3－16 所示，组合式桥架空间布置示意如图 3－17 所示。除了这几种类型的桥架以外，在综合布线施工过程中，重型桥架、槽式桥架很少使用。

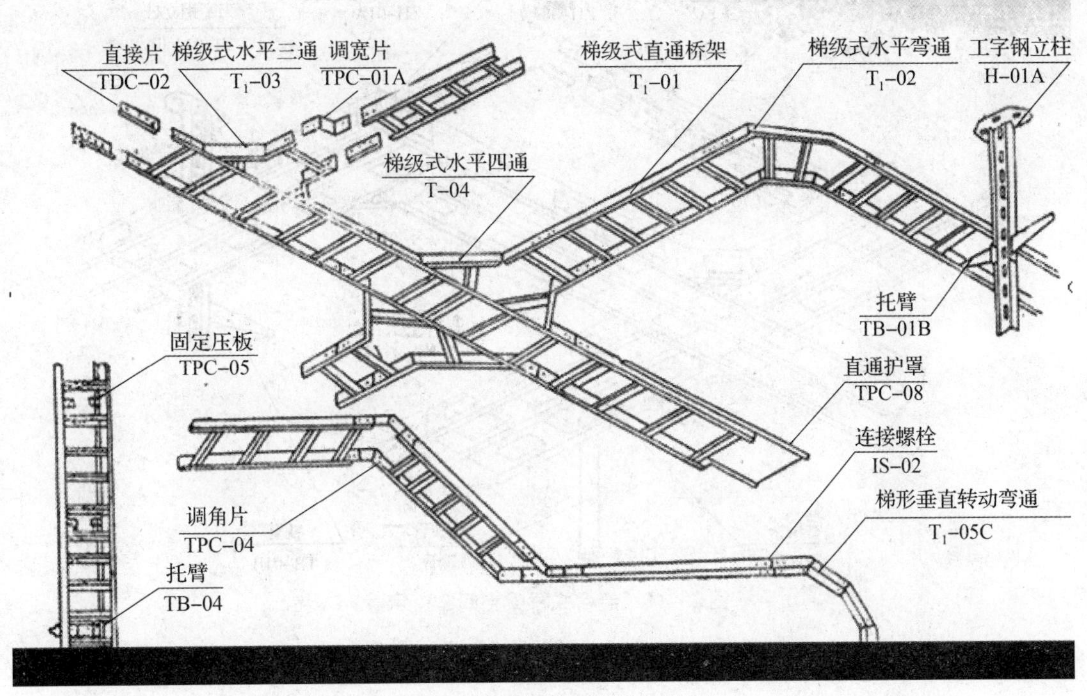

图 3 – 15　梯级式桥架空间布置示意

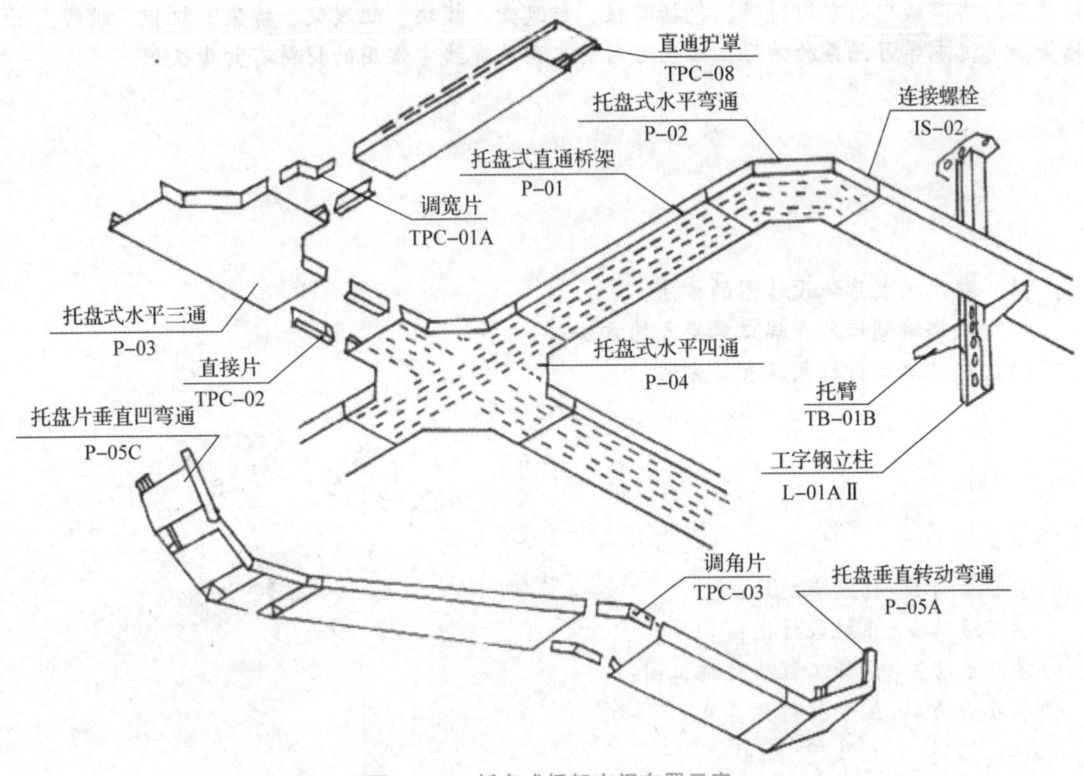

图 3 – 16　托盘式桥架空间布置示意

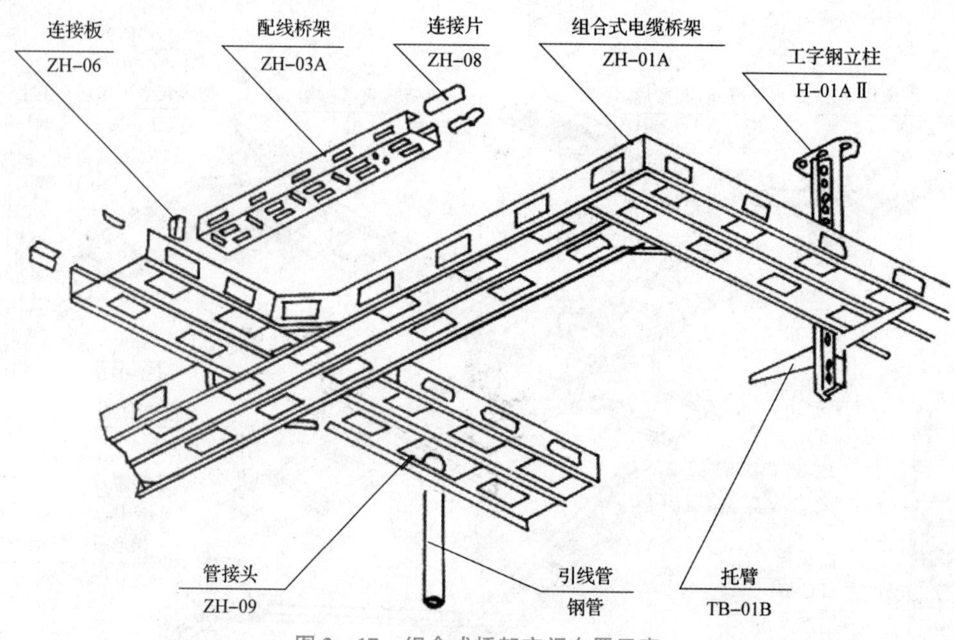

图3－17　组合式桥架空间布置示意

任务总结

本学习任务主要讲述信息网路布线中常用的材料，分为4个学习活动开展，主要内容包括信息网络布线中的常用材料，包括面板、信息盒、模块、配线架、桥架、机柜、跳线、管槽等。通过本学习任务的学习，学生可对信息网络布线中常用的材料有初步认识。

学习任务四　基础设计

学习目标

（1）熟悉编制系统设计图的方法；
（2）熟练编制信息点端口对应表的方法；
（3）熟练编制材料预算表的方法。

建议课时

8课时。

工作流程与活动

学习活动1　信息点统计；
学习活动2　系统设计图；
学习活动3　设计工程项目施工图；
学习活动4　编制材料预算表。

工作情景描述

根据建筑物信息网络布线系统模型，编制系统设计图、建筑物模型网络信息点数量统计

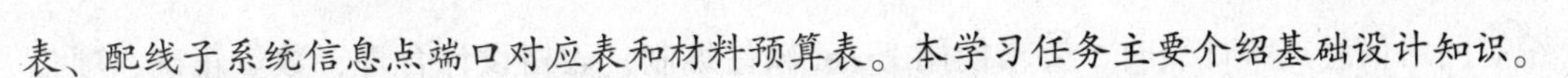

表、配线子系统信息点端口对应表和材料预算表。本学习任务主要介绍基础设计知识。

学习活动 1　信息点统计

活动目标

（1）掌握系统模型；

（2）熟悉建筑物网络综合布线系统模型；

（3）掌握信息点统计的方法。

实训地点

信息网络布线实训室。

活动课时

2 课时。

活动过程

请根据图 4－1 所示建筑物信息网络布线系统模型完成以下设计任务，并打印提交设计文档。

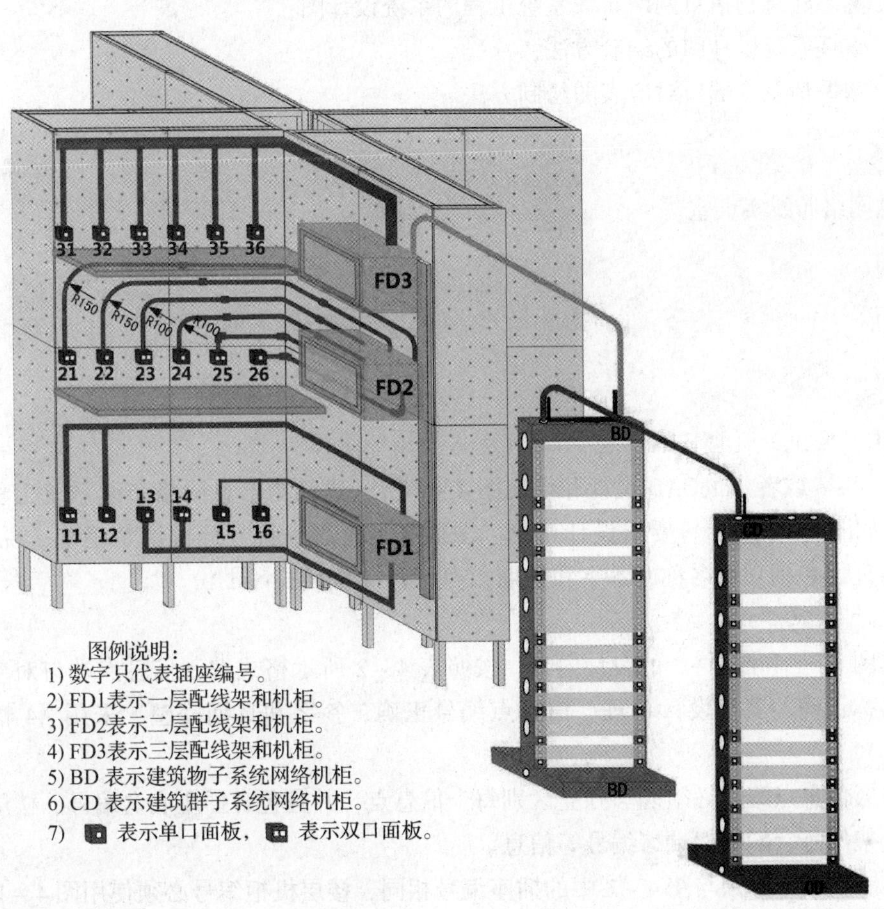

图 4－1　建筑物信息网络布线系统模型

编制网络信息点统计表时，要求使用 Excel 软件编制，表格设计合理，数量正确，项目名称正确，签字和日期完整，采用 A4 幅面打印。建筑物模型网络信息点统计表见表 4－1。

表 4－1　建筑物模型网络信息点统计表

	x1	x2	x3	x4	x5	x6	楼层合计	合计
三层	1	1	2	1	1	1	7	
二层	2	1	2	1	2	1	9	
一层	2	1	1	2	1	1	8	
纵向合计	5	3	5	4	4	3	24	
合计								24

学习活动 2　系统设计图

活动目标

（1）熟悉建筑物信息网络布线系统工程的系统设计图；

（2）掌握系统设计图的绘制方法；

（3）掌握信息点端口对应表的绘制方法。

实训地点

信息网络布线实训室。

活动课时

2 课时。

活动过程

1. 编制系统设计图

使用 Visio 或者 AutoCAD 设计和绘制图 4－1 所示建筑物信息网络布线系统工程的系统设计图，如图 4－2 所示。要求设计正确、图面布局合理、符号标记清楚正确、说明完整、标题栏合理（包括项目名称、签字和日期），采用 A4 幅面打印 1 份。

2. 编制信息点端口对应表

根据图 4－1 和图 4－2 的设计内容，按照表 4－2 所示格式编制信息点端口对应表。要求项目名称正确、表格设计合理、信息点编号正确、签字和日期完整，采用 A4 幅面打印 1 份。

工作区信息点编号必须能够独立区别每个信息点，并且包含插座底盒编号、楼层机柜编号、配线架编号、配线架端口编号等信息。

插座底盒编号必须与图 4－1 中的插座编号相同，楼层机柜编号必须使用图 4－1 中对应的 FD1、FD2、FD3，配线架端口编号必须与配线架实物编号相同。

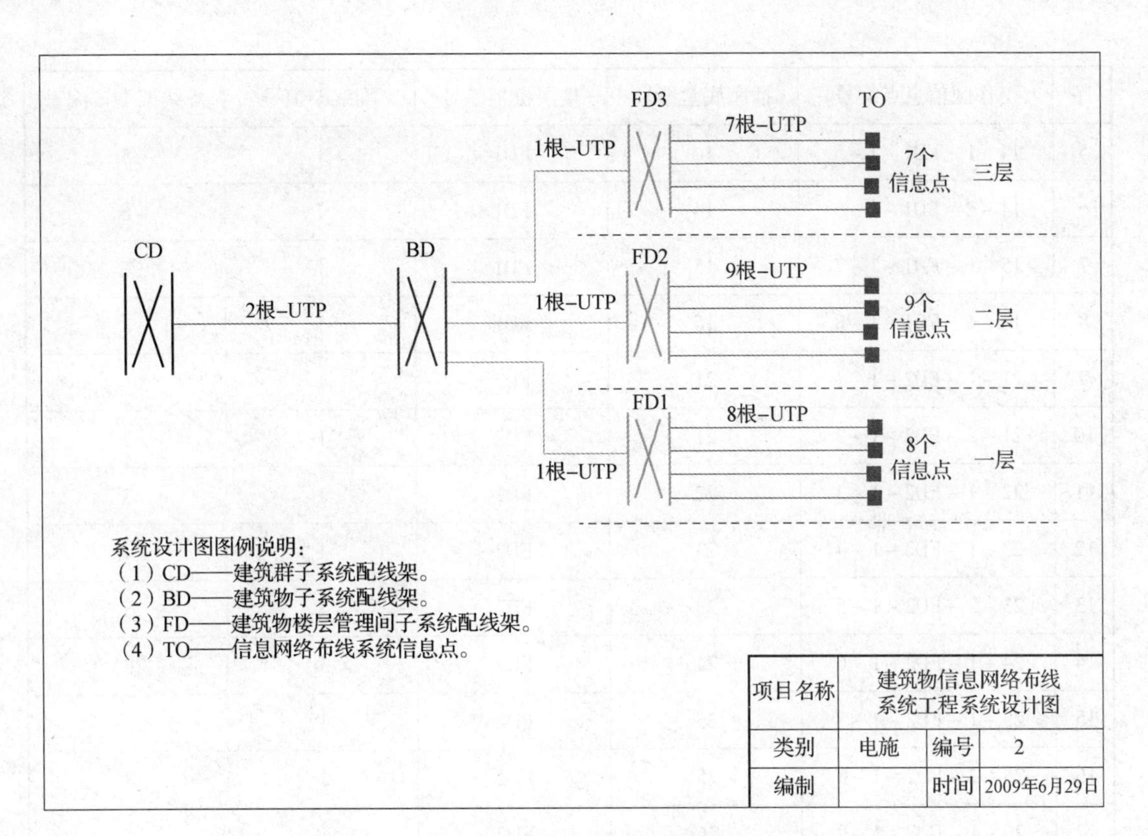

图4-2　建筑物信息网络布线系统工程的系统设计图

表4-2　信息点端口对应表

序号	工作区信息点编号	插座底盒编号	楼层机柜编号	配线架编号	配线架端口编号
1					
2					

3. 编制完成信息点端口对应表

按照表4-2所示的格式，结合图4-1和图4-2，编制完成的信息点端口对应表见表4-3。

表4-3　信息点端口对应表

序	工作区信息点编号	插座底盒编号	楼层机柜编号	配线架编号	配线架端口编号
1	11-1-FD1-1-1	11	FD1	1	1
2	11-2-FD1-1-2	11	FD1	1	2
3	12-1-FD1-1-3	12	FD1	1	3
4	13-1-FD1-1-4	13	FD1	1	4

续表

序	工作区信息点编号	插座底盒编号	楼层机柜编号	配线架编号	配线架端口编号
5	14－1－FD1－1－5	14	FD1	1	5
6	14－2－FD1－1－6	14	FD1	1	6
7	15－1－FD1－1－7	15	FD1	1	7
8	16－1－FD1－1－8	16	FD1	1	8
9	21－1－FD2－1－1	21	FD2	1	1
10	21－2－FD2－1－2	21	FD2	1	2
11	22－1－FD2－1－3	22	FD2	1	3
12	23－1－FD2－1－4	23	FD2	1	4
13	23－2－FD2－1－5	23	FD2	1	5
14	24－1－FD2－1－6	24	FD2	1	6
15	25－1－FD2－1－7	25	FD2	1	7
16	25－2－FD2－1－8	25	FD2	1	8
17	26－1－FD2－1－9	26	FD2	1	9
18	31－1－FD3－1－1	31	FD3	1	1
19	32－1－FD3－1－2	32	FD3	1	2
20	33－1－FD3－1－3	33	FD3	1	3
21	33－2－FD3－1－4	33	FD3	1	4
22	34－1－FD3－1－5	34	FD3	1	5
23	35－1－FD3－1－6	35	FD3	1	6
24	36－1－FD3－1－7	36	FD3	1	7

学习活动3 设计工程项目施工图

活动目标

（1）掌握 Visio 或者 AutoCAD 的绘图方法；
（2）熟悉工程项目立体示意图；
（3）熟悉工程项目施工图。

实训地点

信息网络布线实训室。

活动课时

2 课时。

活动过程

使用 Visio 或者 AutoCAD，将图 4 – 3 所示工程项目立体示意图设计和绘制成平面的工程项目施工图，要求全部工程项目施工图按照 A4 幅面设计，可以采用多张图纸，并且分别打印 1 份，不允许使用立体图。

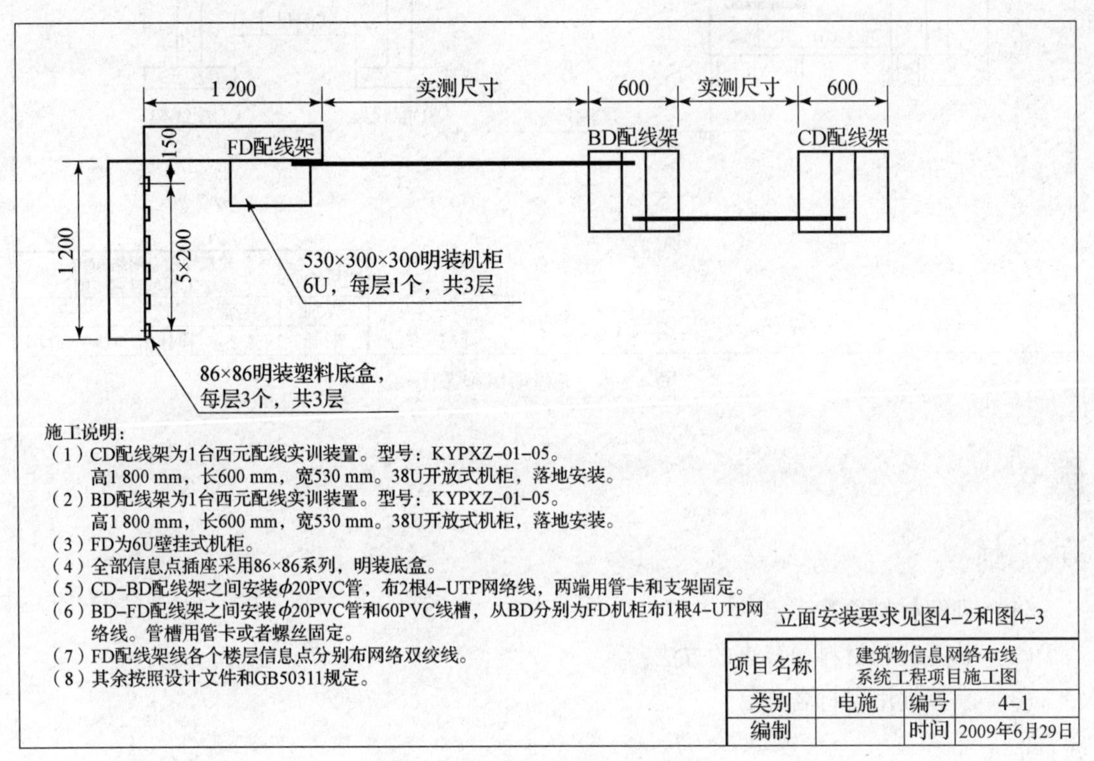

图 4 – 3　工程项目立体示意图

设备和器材规格必须符合本设计规定，器材和安装位置等尺寸现场实际测量。要求包括以下内容。

（1）要求 CD – BD – FD – TO 布线路由、设备位置和尺寸正确。

（2）机柜和插座的位置、规格正确。

（3）图面设计、布局合理，位置尺寸标注清楚正确。

（4）图形符号规范，说明清楚正确。

工程项目施工图如图 4 – 4 所示。

工程项目网络布线施工图如图 4 – 5 所示。

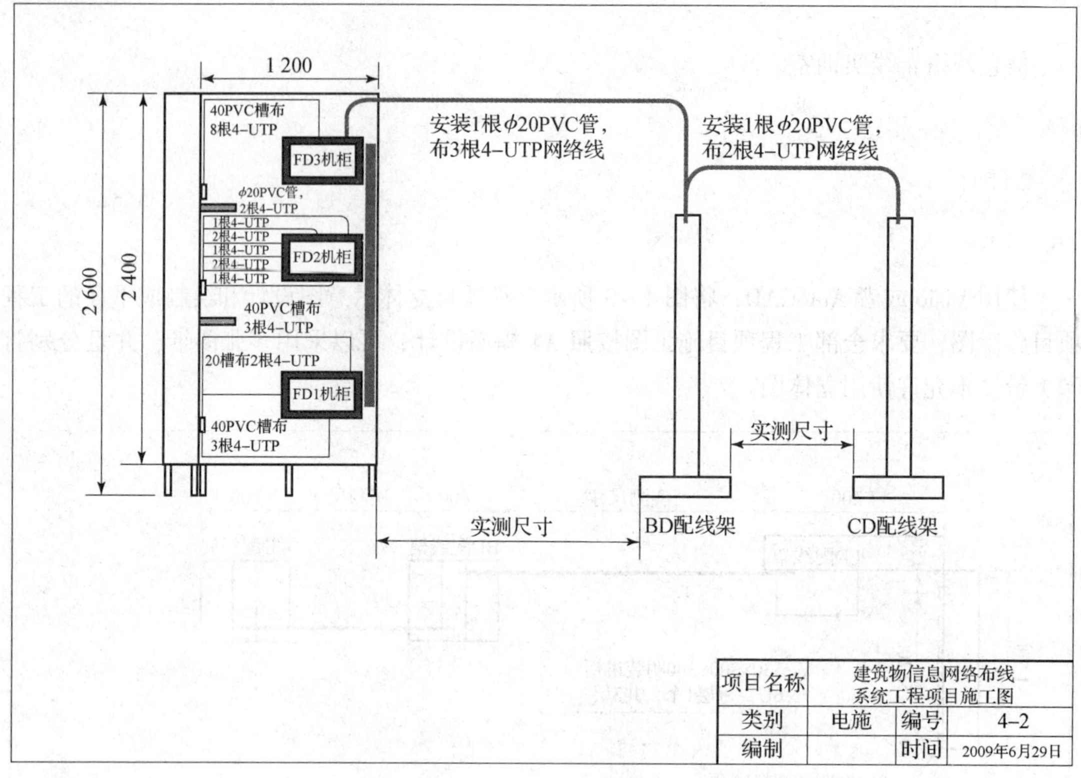

图 4 – 4　工程项目施工图

学习活动 4　编制材料预算表

活动目标

（1）理解材料预算表；

（2）熟悉编制材料预算表的方法；

（3）掌握常用器材名称。

实训地点

信息网络布线实训室。

活动课时

2 课时。

活动过程

要求按照表 4 – 4 所示格式，依据 IT 行业预算方法，编制工程项目材料预算表。材料名称、规格和单价等请参考表 4 – 5，对于表中没有列出的材料，该预算中不予考虑。要求材料名称、规格、型号正确，数量合理，单价和计算正确，采用 A4 幅面打印 1 份。

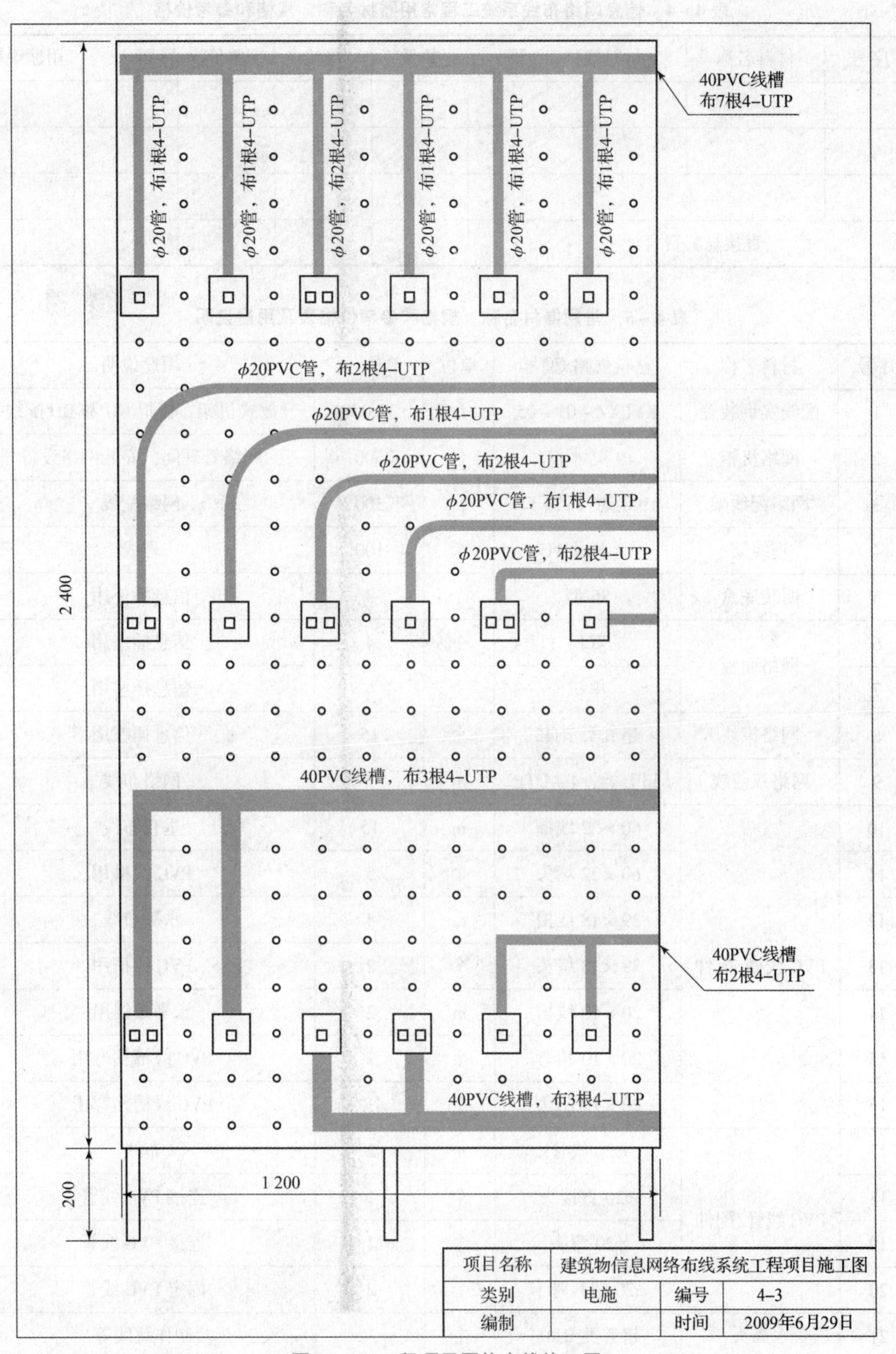

图 4-5　工程项目网络布线施工图

表 4-4 信息网络布线系统工程常用器材名称、规格和参考价格

序号	材料名称	材料规格/型号	数量	单位	单价	小计	用途说明
直接材料费合计							

表 4-5 常用器材名称、规格和参考价格表及用途说明

序号	材料名称	材料规格/型号	单位	单价/元	用途说明
1	配线实训装置	KYPXZ-01-05	台	30 000	开放式机架，模拟 CD 和 BD 配线架
2	网络机柜	19 英寸 6U	台	600	网络管理间，安装网络设备
3	网络配线架	19 英寸 1U24 口	台	300	网络配线
4	理线架	19 英寸 1U	个	100	理线
5	明装底盒	86 型	个	3	信息插座用
6	网络面板	双口	个	4	信息插座用
7		单口	个	4	信息插座用
8	网络模块	超五类 RJ45	个	15	信息插座用
9	网络双绞线	超五类，4-UTP	m	2	网络布线
10	PVC 线槽/配件	60×22 线槽	m	15	垂直布线
11		60×22 堵头	个	5	PVC 线槽用
12		39×18 线槽	m	4	水平布线
13		39×18 堵头	个	2	PVC 线槽用
14		20×10 线槽	m	2	水平布线用
15		20×10 角弯	个	1	PVC 线槽拐弯用
16		20×10 阴角	个	1	PVC 线槽拐弯用
17	PVC 线管/配件	ϕ20 线管	m	2	布线
18		ϕ20 直接头	个	1	连接 PVC 线管
19		ϕ20 弯头	个	1	连接 PVC 线管
20		ϕ20 塑料管卡	个	2	固定 PVC 线管
21	水晶头	超五类 RJ45	个	1	制作跳线等
22	螺丝	M6×16	个	0.5	固定用

所需运用的材料见表4－6。

表4－6　所需运用的材料

序号	材料名称	材料规格/型号	数量	单位	单价	合计	用途说明
1	CD配线机架	KYPXZ－01－05	1	台	30 000	30 000	模拟CD机柜
2	BD配线机架	KYPXZ－01－05	1	台	30 000	30 000	模拟BD机柜
3	网络机柜	19英寸6U	3	台	600	1 800	FD管理间机柜
4	网络配线架	19英寸24口	3	个	300	900	网络连接
5	理线环	19英寸1U	3	个	100	300	机柜内理线
6	明装底盒	86型	18	个	2	36	信息插座用
7	网络面板	双口	6	个	4	24	信息插座用
8		单口	12	个	4	48	信息插座用
9	网络模块	RJ45	24	个	15	360	信息插座用
10	网线	超五类	150	m	2	300	网络布线
11	PVC线管	ϕ20	18	m	2	36	水平布线
12	PVC管接头	ϕ20直接	10	个	1	10	连接PVC线管
13		ϕ20弯头	4	个	1	4	连接PVC线管
14	PVC管卡	ϕ20	60	个	2	120	固定PVC线管
15	连接块	5对连接块	10	个	5	50	网络端接
16	水晶头	RJ45	33	个	0.5	16.5	制作跳线等
17	辅助材料	标签、牵引丝等	配套	—	500	500	网络布线辅助用料
18	直接材料费合计					64 588.5	

任务总结

本学习任务主要讲述信息网络布线的基础设计，分为4个学习活动开展，内容包括信息点数量统计方法、系统设计图的绘制、工程项目施工图的绘制、材料选型和预算等。通过本学习任务的学习，学生可对建筑物信息网络布线系统施工设计有进一步的了解。

第二部分

信息网络布线实训

学习任务五 跳线的制作

学习目标

（1）熟悉跳线的类型；

（2）熟练掌握跳线的制作技术。

建议课时

4课时。

工作流程与活动

学习活动1 直通跳线的制作；

学习活动2 交叉跳线的制作。

工作情景描述

在信息网络布线系统中，跳线的制作是综合布线工程中最基本的技术，跳线是端接等工程的基础。跳线通常由4对双绞线组成，常用的规格有568A、568B等。本学习任务主要介绍跳线的制作技术。

学习活动1 直通跳线的制作

活动目标

（1）掌握直通跳线的原理；

（2）熟悉直通跳线的分类；

（3）掌握直通跳线的制作技术。

实训地点

信息网络布线实训室。

活动课时

2 课时。

活动过程

直通跳线又叫作正线或标准线，两端采用 568B 作线标准。具体的线序制作方法是：双绞线夹线顺序是两边一致，统一都是①白橙；②橙；③白绿；④蓝；⑤白蓝；⑥绿；⑦白棕；⑧棕。注意：两端都是同样的线序且一一对应。这就是 100 M 网线的作线标准，即 568B 标准线序，如图 5－1 所示。直通跳线的应用最广泛，可用于不同的设备之间，比如路由器和交换机、PC 和交换机等。

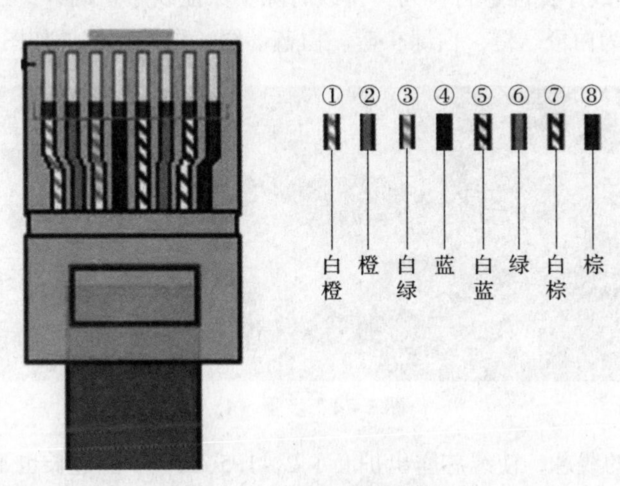

图 5－1　568B 标准线序

直通跳线的制作方法（步骤）如下。

（1）准备压/剥线钳、网线、水晶头、测线仪等工具。

（2）左手拿网线，右手拿剥线钳，剥掉网线护套 3～4 cm 长，如图 5－2 所示。

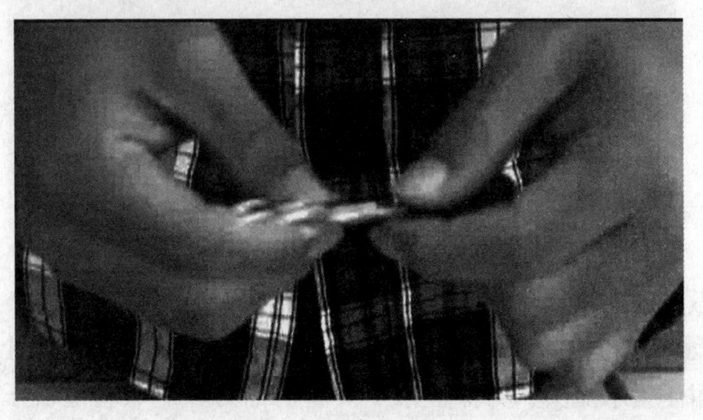

图 5－2　步骤（2）

（3）剪掉牵引线（牵引线的作用是保护网线不被拉断，在做直通跳线时不需要，故要剪断），如图 5－3 所示。

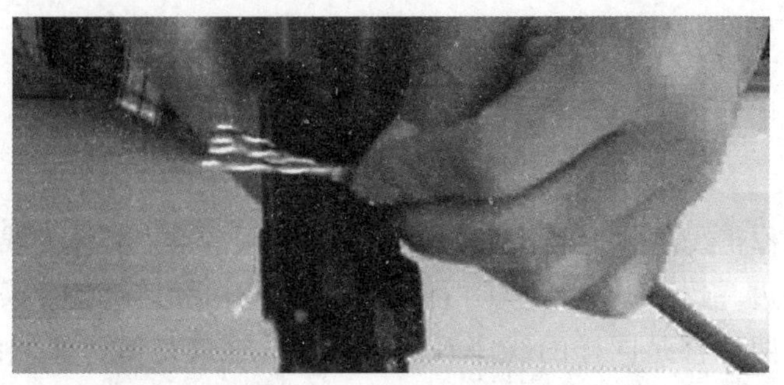

图5-3　步骤（3）

（4）按照568B线序标准进行排列，排线时除了保证线序正确外，还需要将网线线芯捋直。568B线序标准为白橙、橙、白绿、蓝、白蓝、绿、白棕、棕，如图5-4所示。

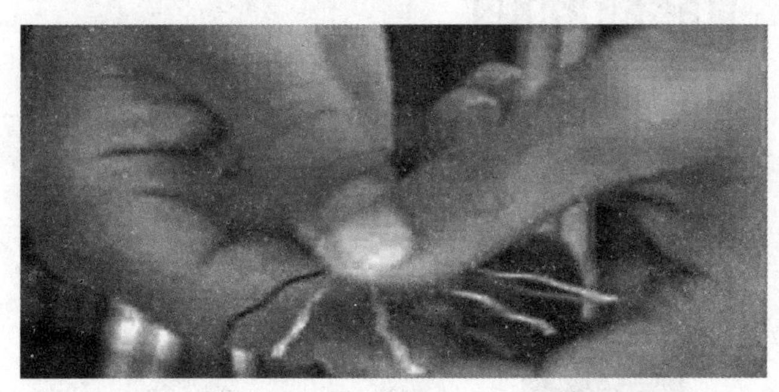

图5-4　步骤（4）

（5）剪掉多余的线芯，使线芯露出护套1.2～1.5 cm，不能过长也不能过短，如图5-5所示。

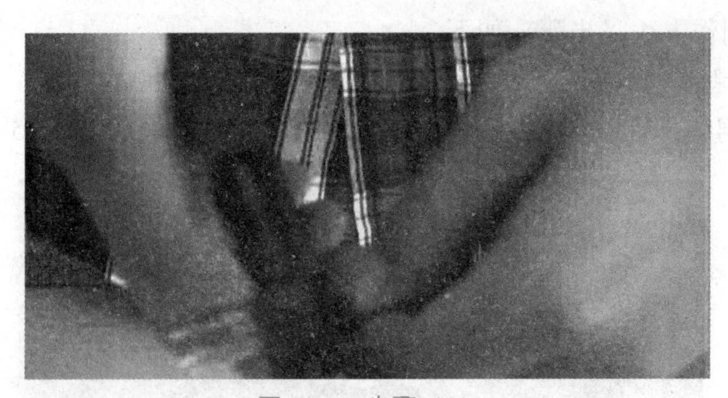

图5-5　步骤（5）

（6）左手拿做好的网线（从左到右的线序应该为白橙、橙、白绿、蓝、白蓝、绿、白棕、棕），右手拿水晶头，水晶头的平面朝上，将网线插入水晶头，如图5-6所示。

（7）用压线钳压紧水晶头，为保证水晶头里的铜刀片能顺利地被压入排列的线芯，必须用力压压线钳，如图5-7所示。

（8）在双绞线的另一头按照568B线序标准制作同样的水晶头。

（9）使用测线仪测试网线的电气导通性，如果测线仪两边的指示灯依次按照1，2，3，4，5，6，7，8的顺序亮起，证明所制作的直通跳线符合要求，如图5-8所示。

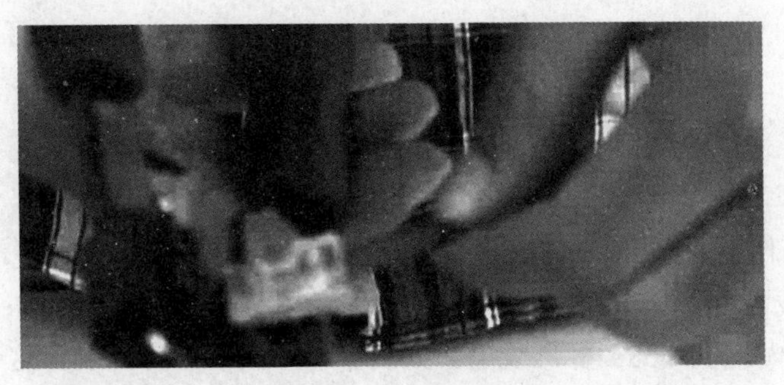

图 5－6　步骤（6）

图 5－7　步骤（7）

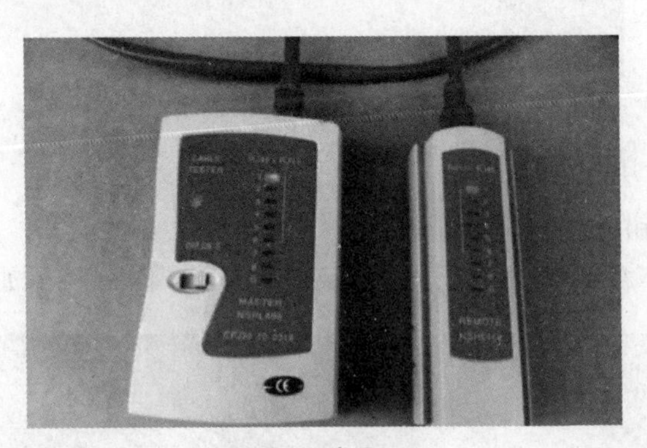

图 5－8　步骤（9）

学习活动 2　交叉跳线的制作

活动目标

（1）掌握交叉跳线的原理；

（2）熟悉交叉跳线的分类；

（3）掌握交叉跳线的制作技术。

实训地点

信息网络布线实训室。

活动课时

2 课时。

活动过程

交叉跳线又叫作反线，按照一端 568A，一端 568B 的标准排列好线序，并用 RJ45 水晶头夹好。具体的线序制作方法如下。一端为：①白绿；②绿；③白橙；④蓝；⑤白蓝；⑥橙；⑦白棕；⑧棕（即 568A 标准线序，如图 5－9 所示）。另一端在这个基础上将这 8 根线中的①号和③号线，②号和⑥号线互换位置，这时网线的线序就变成了 568B（即白橙、橙、白绿、蓝、白蓝、绿、白棕、棕的顺序）。

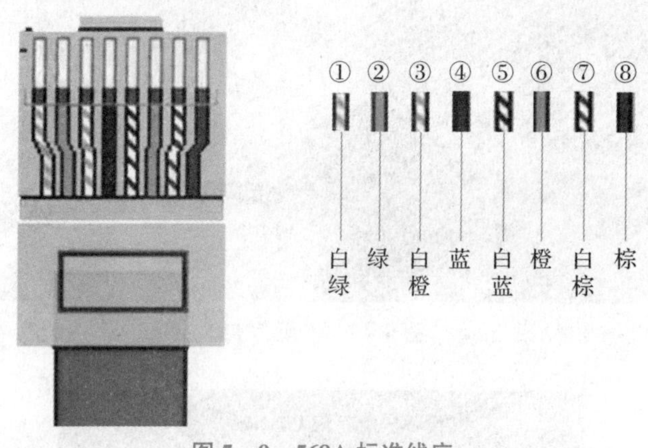

图 5－9　568A 标准线序

五类水晶头跳线的制作

交叉跳线的制作方法（步骤）如下。

（1）准备压/剥线钳、网线、水晶头、测线仪等。

（2）左手拿网线，右手拿剥线钳，剥掉网线护套 3～4 cm 长，如图 5－10 所示。

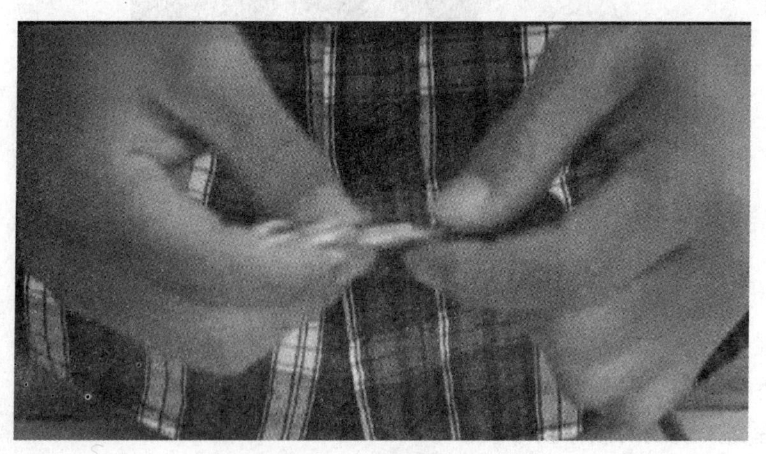

图 5－10　步骤（2）

（3）剪掉牵引线（牵引线的作用是保护网线不被拉断，在做交叉跳线时不需要，故要剪断），如图 5－11 所示。

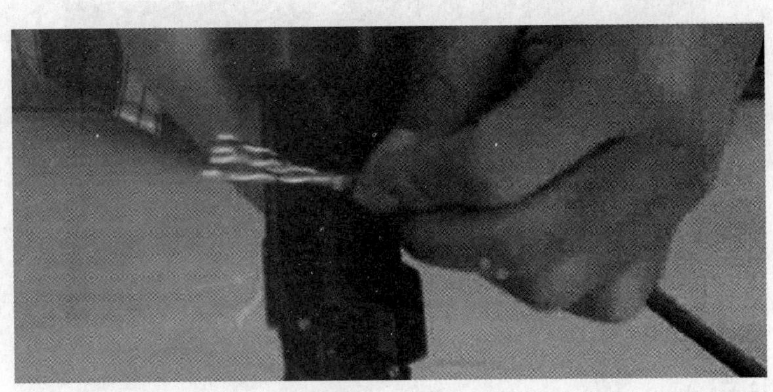

图 5-11　步骤（3）

（4）按照 568A 线序标准进行排列，排线时除了保证线序正确外，还需要将网线线芯捋直（568A 线序标准为白绿、绿、白橙、蓝、白蓝、橙、白棕、棕），如图 5-12 所示。

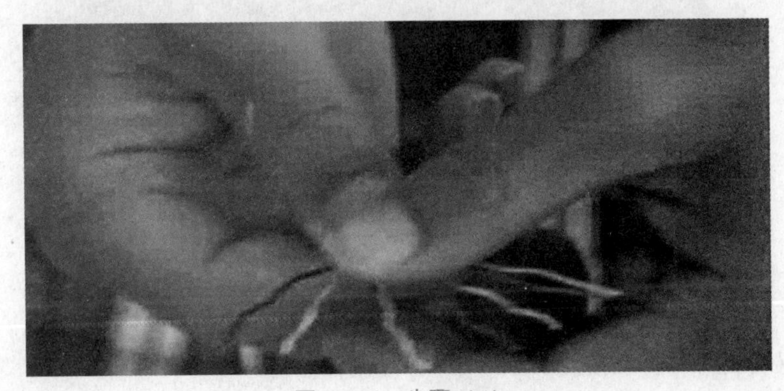

图 5-12　步骤（4）

（5）剪掉多余的线芯，使线芯露出护套 1.2 ~ 1.5 cm，不能过长也不能过短，如图 5-13 所示。

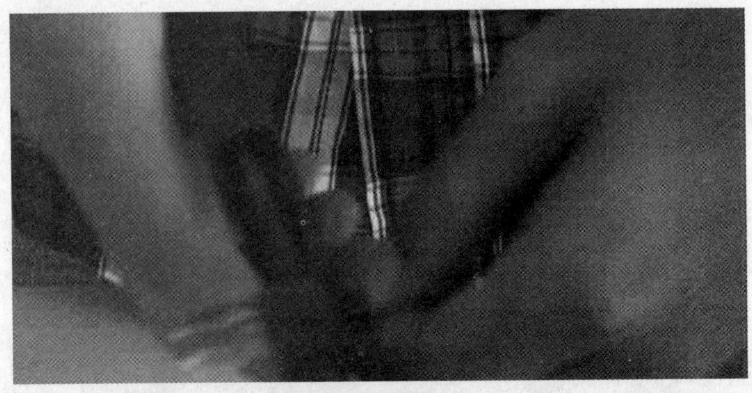

图 5-13　步骤（5）

（6）左手拿做好的网线（从左到右线序应该为白绿、绿、白橙、蓝、白蓝、橙、白棕、棕），右手拿水晶头，水晶头的平面朝上，将网线插入水晶头，如图 5-14 所示。

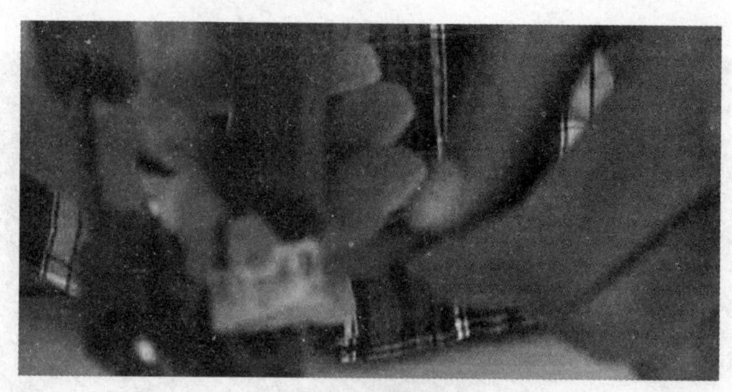

图 5-14　步骤（6）

（7）用压线钳压紧水晶头，为保证水晶头里的铜刀片能顺利地被压入排列的线芯，必须用力压压线钳，如图 5-15 所示。

图 5-15　步骤（7）

（8）在双绞线的另一端按照 568B 线序标准制作。

（9）使用测线仪测试网线的电气导通性，如果测线仪一边的指示灯依次按照 1，2，3，4，5，6，7，8 的顺序亮起，另一端指示灯按照 3，6，1，4，5，2，7，8 的顺序亮起，证明交叉跳线的制作符合要求，如图 5-16 所示。

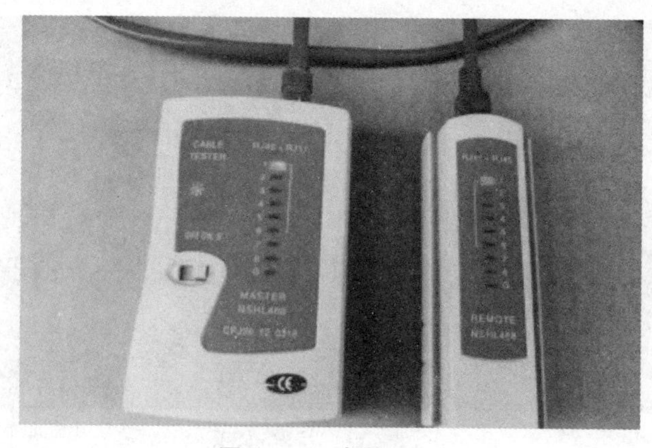

图 5-16　步骤（9）

任务总结

本学习任务主要讲述信息网络布线中跳线的制作，分为 2 个学习活动开展，内容包括直

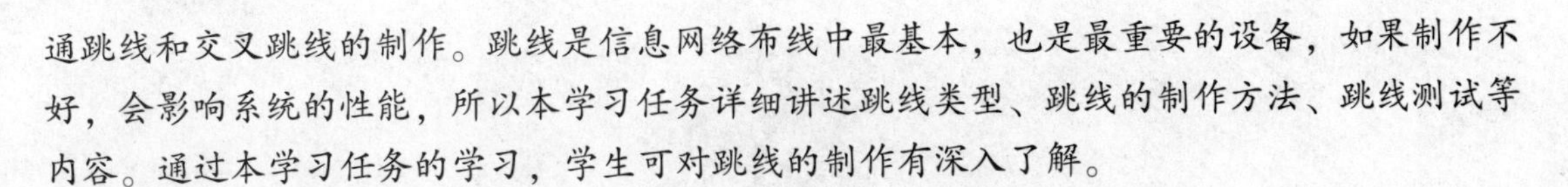
通跳线和交叉跳线的制作。跳线是信息网络布线中最基本，也是最重要的设备，如果制作不好，会影响系统的性能，所以本学习任务详细讲述跳线类型、跳线的制作方法、跳线测试等内容。通过本学习任务的学习，学生可对跳线的制作有深入了解。

学习任务六　信息模块压接

学习目标

（1）熟悉信息模块的类型；

（2）掌握信息模块压接技术。

建议课时

4 课时。

工作流程与活动

学习活动 1　五类信息模块压接；

学习活动 2　六类信息模块压接。

工作情景描述

在信息网络布线系统中，信息模块压接是综合布线工程中最基本的技术之一。信息模块通常可以分为五类信息模块压接和六类信息模块两类，两类模块又分为非屏蔽型和屏蔽型。本学习任务主要介绍非屏蔽型五类信息模块和屏蔽型六类信息模块的压接制作技术。

学习活动 1　五类信息模块压接

活动目标

（1）五类信息模块的通信原理；

（2）五类信息模块压接。

实训地点

信息网络布线实训室。

活动课时

2 课时。

活动过程

与信息插座配套的是非屏蔽型五类信息模块，这种信息模块安装在信息插座中，一般是通过卡位实现固定的，通过它实现网络链路与设备之间的连接。非屏蔽型五类信息模块如图 6－1 所示。在信息模块的两侧有两组不同的色标，分别代表 568A 和 568B，一般端接使用 568B 线序标准。

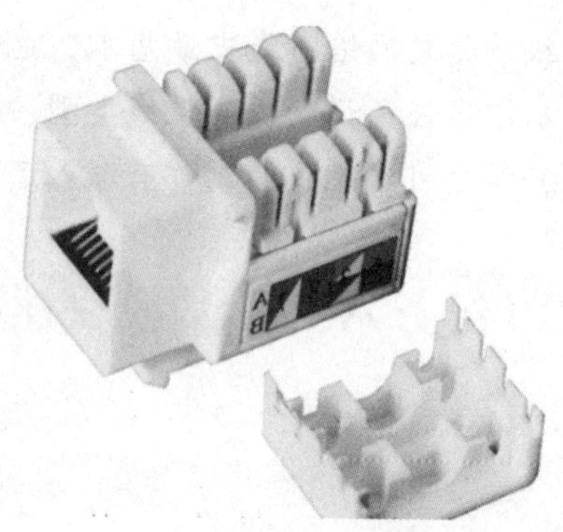

图 6-1　非屏蔽型五类信息模块

压接制作方法（步骤）如下。

（1）准备打线器、网线、非屏蔽型五类信息模块等。

（2）剪掉网线护套，长度为 5~6 cm，与制作跳线不同的是进行信息模块压接时网线护套剥离尽量多些，以便于分线，如图 6-2 所示。

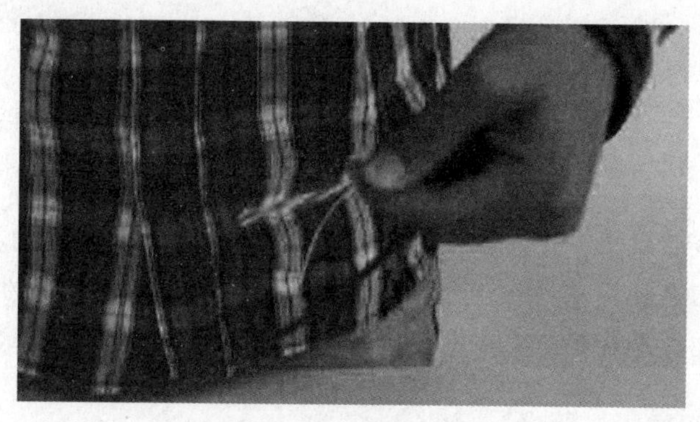

图 6-2　步骤（2）

（3）剪掉牵引线（牵引线在进行信息模块压接时需要剪断），如图 6-3 所示。

图 6-3　步骤（3）

（4）将 8 根网线按橙白、橙、绿白、绿、蓝白、蓝、棕白、棕的线序排列，如图 6-4 所示。

五类打压模块跳线制作

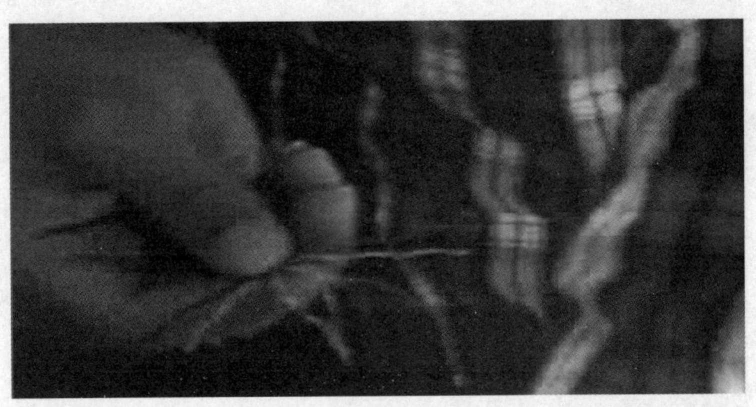

图 6-4　步骤（4）

（5）按信息模块上 568B 的线序色标逐个将线芯压入信息模块对应位置，如图 6-5 所示。

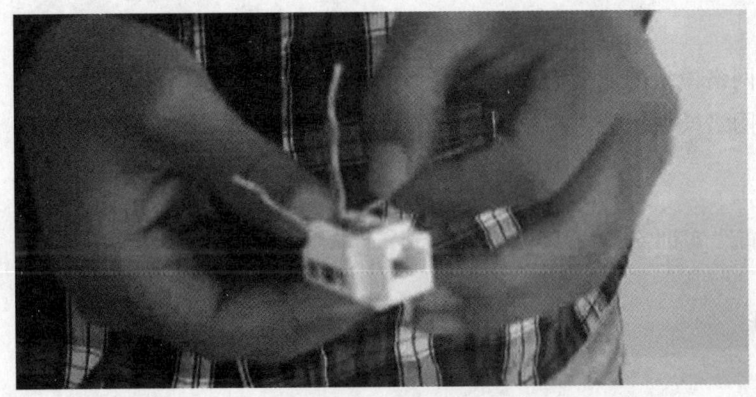

图 6-5　步骤（5）

（6）压好线后用打线器逐个打压，打压时要用力，当听到“哒”的一声时表示打压到位，同时打线刀会将多余的线芯剪断，如图 6-6 所示。

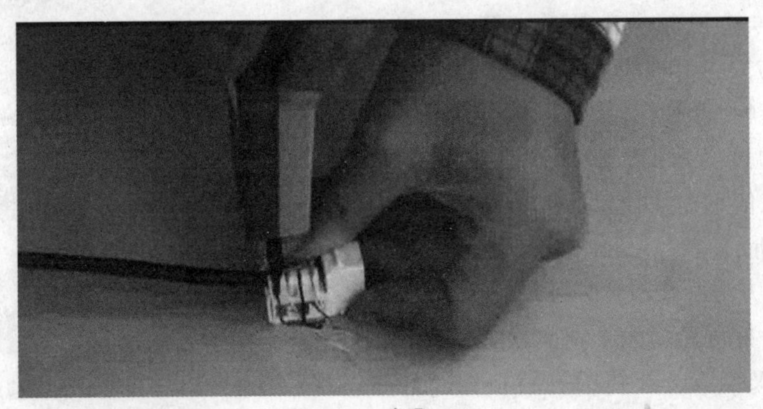

图 6-6　步骤（6）

（7）去掉多余的线芯，信息模块制作完成，如图 6-7 所示。

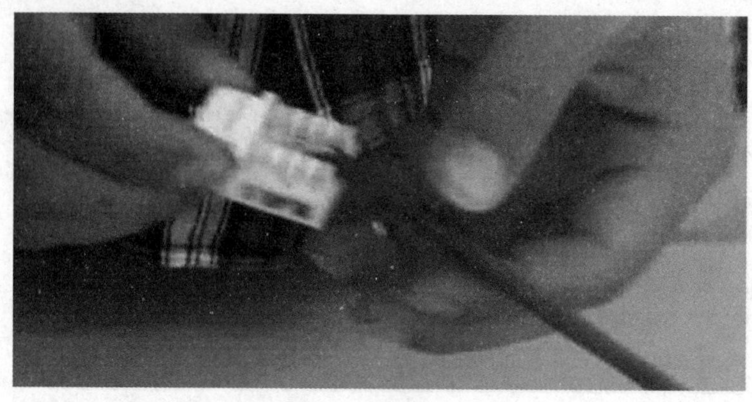

免打模块
跳线制作

图 6－7　步骤（7）

学习活动 2　六类信息模块压接

活动目标

（1）六类网络模块的通信原理；
（2）六类网络模块压接。

实训地点

信息网络布线实训室。

活动课时

2 课时。

活动过程

六类信息模块一般应用于信息网络布线系统中水平子系统的端接。六类信息模块是千兆级的，一般应用于核心及主干，主要应用于主干网络接入，传输视频、音频等；符合 TIA/EIA 568B、EN50173－1 和 ISO 11801：2002 要求；采用扣锁式端接帽，可以对接触点进行保护，避免线缆端接后的过度弯曲、脱落；带防尘盖设计，防止灰尘进入信息模块插口。屏蔽型六类信息模块如图 6－8 所示。

图 6－8　屏蔽型六类信息模块

压接制作方法（步骤）如下。

（1）准备好屏蔽型六类信息模块、屏蔽型六类信息模块双绞线、开缆刀、斜口钳、扎带等工具。

（2）使用开缆刀剥掉六类网线的外护套，如图 6－9 所示。

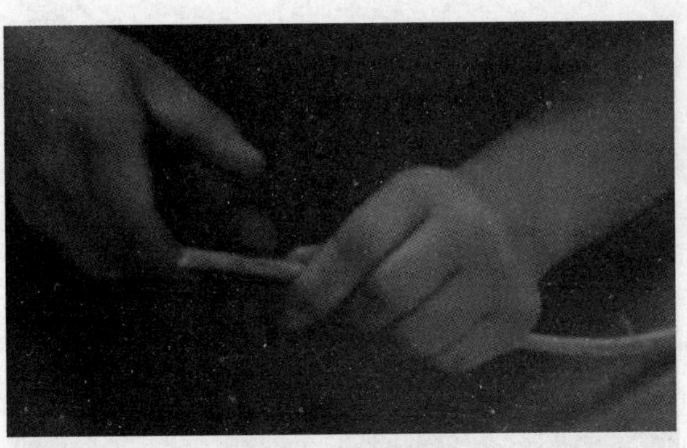

图 6-9　步骤（2）

（3）将屏蔽层和 4 对网线分开放置，用斜口钳剪掉中间的塑料十字芯，如图 6-10 所示。

图 6-10　步骤（3）

（4）按照 568B 线序标准将分线帽插入 4 对网线，如图 6-11 所示。

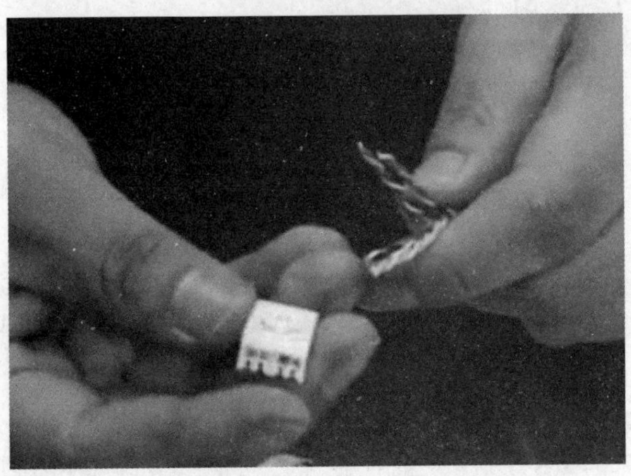

图 6-11　步骤（4）

（5）按照分线帽上的 568B 色标将网线分别压入线槽，如图 6-12 所示。

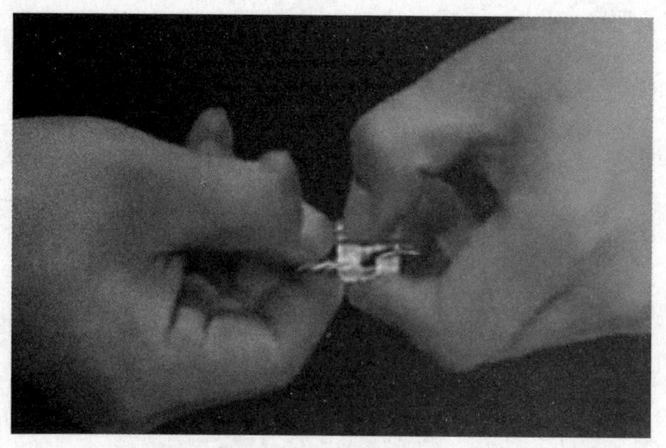

图 6-12　步骤（5）

（6）用斜口钳剪掉多余的网线，使分线帽边缘整齐光滑，不要露出线芯，如图 6-13 所示。

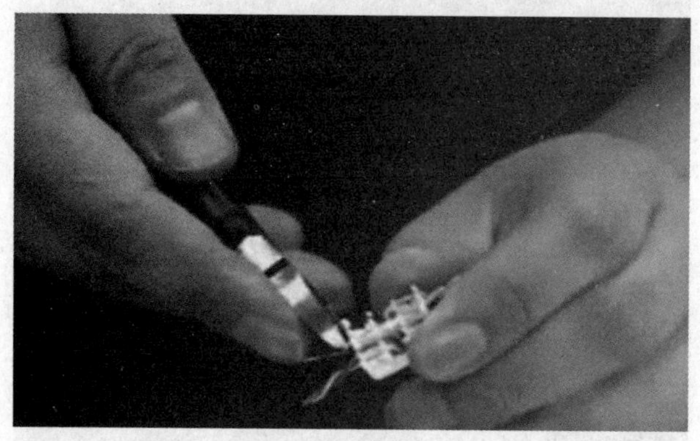

图 6-13　步骤（6）

（7）打开屏蔽型六类信息模块的后盖，然后将制作好的分线帽压入屏蔽型六类信息模块，如图 6-14 所示。

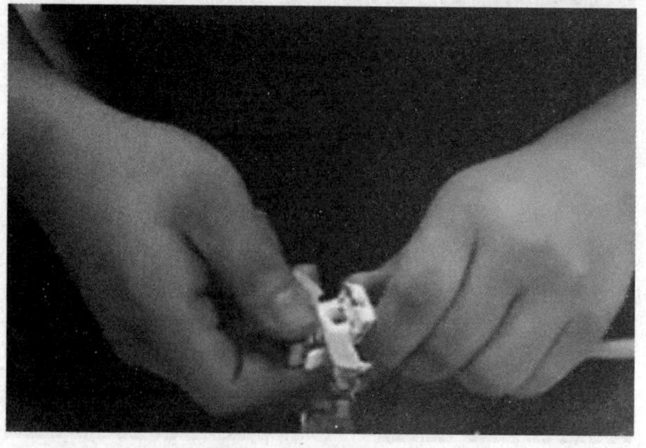

图 6-14　步骤（7）

（8）锁紧后盖，将六类网线的接地线缠绕在屏蔽型六类信息模块尾部的线槽中，然后用扎带扎进尾部线槽，如图 6－15 所示。

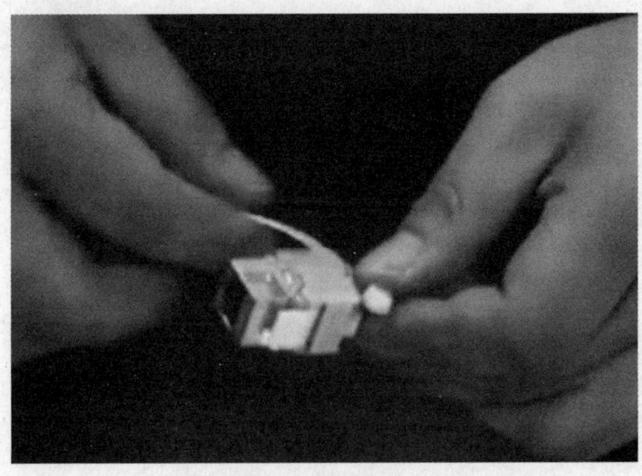

图 6－15　步骤（8）

（9）用斜口钳剪掉多余的扎带，屏蔽型六类信息模块制作成功，如图 6－16 所示。

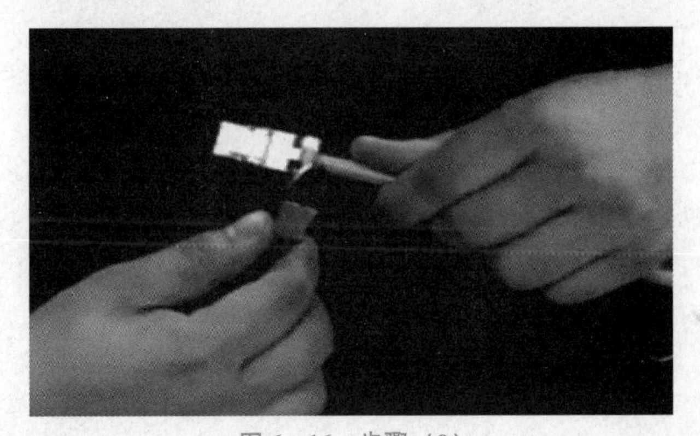

图 6－16　步骤（9）

六类模块
跳线制作

任务总结

本学习任务主要讲解信息网络布线中信息模块的压接，分为 2 个学习活动开展，内容包括五类信息模块压接和六类信息模块压接。信息模块是网络链路连接的主要设备，压接要求精益求精，其中六类信息模块压接对工艺要求更加苛刻，要求认真细致。通过本学习任务的学习，学生可对信息模块压接有更深入的了解。

学习任务七　配线架端接

学习目标

（1）熟悉配线架的类型；

（2）掌握配线架端接技术。

建议课时

4课时。

工作流程与活动

学习活动1　配线架的分类；
学习活动2　配线架端接。

工作情景描述

在信息网络布线系统中，配线架是制作固定网线连接的基本模块，通常可以分为24口、48口等。本学习任务主要介绍配线架的分类以及24口配线架端接方法。

学习活动1　配线架的分类

活动目标

（1）配线架的工作过程；
（2）配线架的分类。

实训地点

信息网络布线实训室。

活动课时

2课时。

活动过程

配线架是管理间子系统中最重要的组件，是实现垂直子系统和水平子系统交叉连接的枢纽。配线架通常安装在机柜或墙上。通过安装附件，配线架可以全线满足UTP、STP、同轴电缆、光纤、音/视频的需要。在网络工程中常用的配线架有双绞线配线架和光纤配线架。

双绞线配线架的作用是在管理间子系统中将双绞线进行交叉连接，用在主配线间和各分配线间。双绞线配线架的型号很多，每个厂商都有自己的产品系列，并且对应三类、五类、超五类、六类和七类线缆分别有不同的规格和型号。在具体项目中，应参阅产品手册，根据实际情况进行配置。五类双绞线配线架如图7－1所示，六类屏蔽双绞线配线架如图7－2所示。

双绞线配线架大多用于水平配线。前面板用于连接集线设备的RJ45端口，后面板用于连接从信息插座延伸过来的双绞线。双绞线配线架主要有24口和48口两种形式。在屏蔽布线系统中，应当选用屏蔽双绞线配线架，以确保屏蔽系统的完整性。

光纤配线架的作用是在管理间子系统中将光缆进行连接，通常用在主配线间和各分配线间，如图7－3所示。光纤终端盒用于终接光缆，大多用于垂直布线和建筑群布线。根据结构的不同，光纤终端盒可分为壁挂式和机架式。

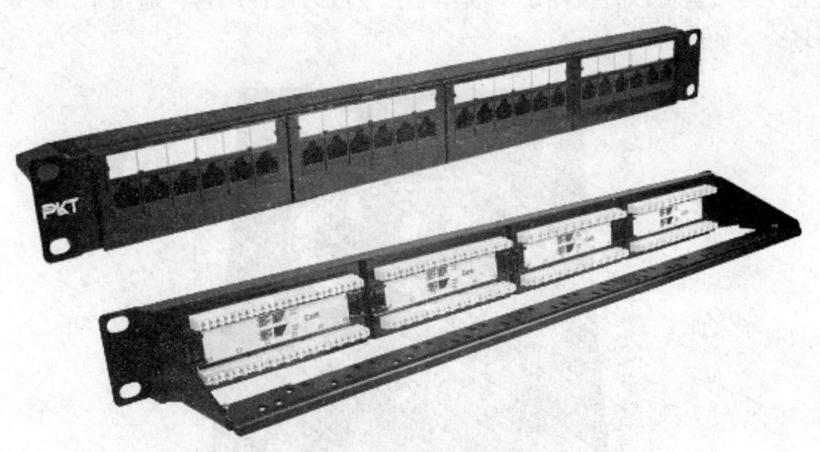

图 7－1　五类双绞线配线架

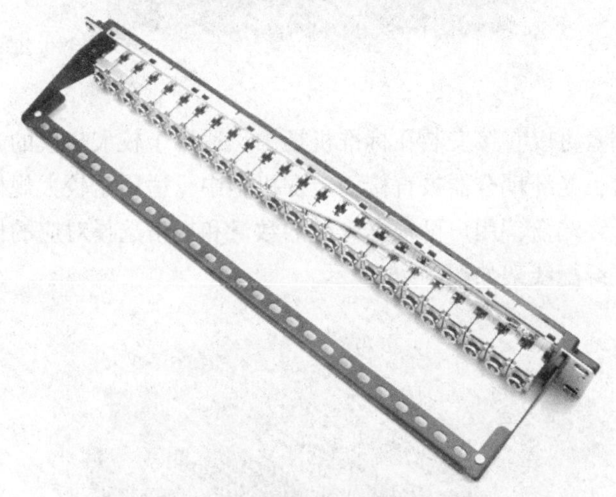

图 7－2　六类屏蔽双绞线配线架

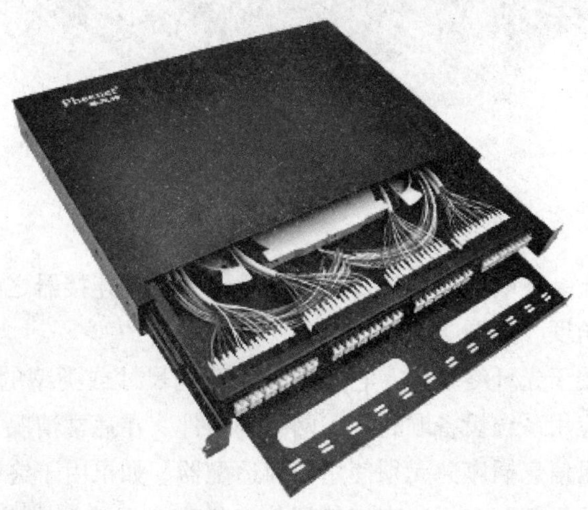

图 7－3　光纤配线架

壁挂式光纤终端盒可以直接固定于墙体上，一般为箱体结构，适用于光缆条数和光纤芯数都较小的场合，如图 7－4 所示。

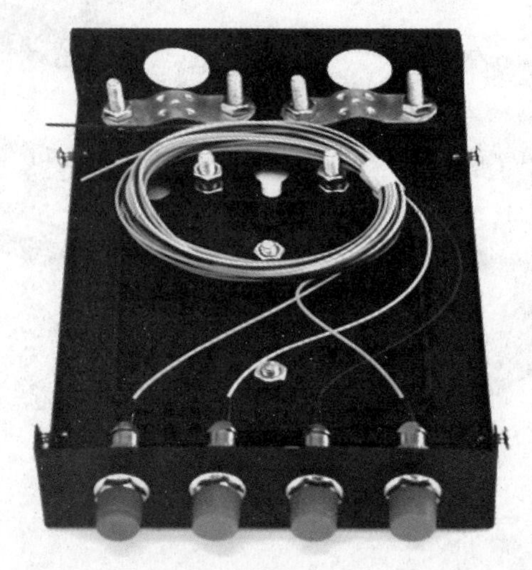

图 7－4　壁挂式光纤终端盒

机架式光纤终端盒可以直接安装在标准机柜中，适用于较大规模的光纤网络。一种是固定配置的光纤终端盒，光纤耦合器被直接固定在机柜中，适用于较大规模的光纤网络；一种是未固定配置的光纤终端盒，用户可根据光缆的数量和规格选择对应的模块，便于网络的调整和扩展。机架式光纤配线架如图 7－5 所示。

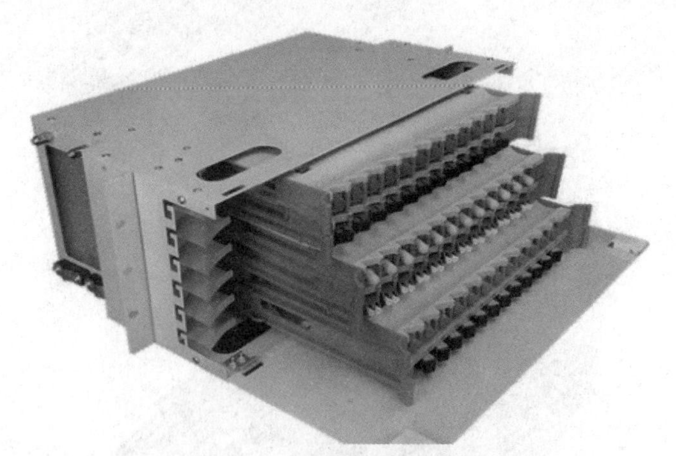

图 7－5　机架式光纤配线架

适配器被固定于光纤终端盒或信息插座，用于实现光纤连接器之间的连接，并保证光纤之间保持正确的对准角度，如图 7－6 所示。

适配器也可被应用于光纤终端盒，它是一种使不同尺寸或类型的插头与信息插座匹配，从而使光纤所连接的应用系统设备顺利接入网络的器件。在通常情况下，终端设备都可以而且应当通过跳线连接至信息插座，无须使用任何适配器。如果由于终端设备与信息插座间的插头不匹配或线缆阻抗不匹配，无法直接使用信息插座，则必须借助适当的适配器或平衡/非平衡转换器进行转换，从而实现终端设备与信息插座的相互兼容。

图7-6　通用光纤适配器

配线架是在局端对前端信息点进行管理的模块化的设备。前端的信息点线缆（超五类或者六类线）进入设备间后首先进入配线架，将线打在配线架的模块上，然后用跳线（RJ45 接口）连接配线架与交换机，如图7-7 所示。总体来说，配线架是一种管理设备，如果没有配线架，前端的信息点直接接入交换机，那么线缆一旦出现问题，就需要重新布线。此外，管理也比较混乱，多次插拔可能引起交换机端口的损坏。配线架的存在就解决了这个问题，可以通过更换跳线来实现较好的管理。配线架的用法和用量主要根据总体网络点的数量或者该楼层（以及相近楼层，这要看系统图是怎么设计的）的网络点数量来配置。不同的建筑、不同的系统设计，都会导致主设备间的配线架不同。例如，一栋建筑只有 4 层，主设备间设置在一层，所有楼层的网络点均进入该设备间，那么配线架的数量就等于该建筑所有的网络点/配线架端口数（24 口、48 口等），并加上一定的余量；如果一栋有 9 层，主设备间设置在四层，那么为了避免线缆超长，就可能每层均设有分设备间，且有交换设备，那么主设备间的配线架就等于四层的网络点数量/配线架端口数（24 口、48 口等）。

图7-7　配线架中的线缆

学习活动2 配线架端接

活动目标

掌握配线架端接方法。

五类配线架端接

实训地点

信息网络布线实训室。

活动课时

2课时。

活动过程

24口配线架端接方法（步骤）如下。

（1）准备压线钳、打线器、网线、24口配线架等。

（2）剪掉网线护套5~6 cm，如图7-8所示。

图7-8 步骤（2）

（3）剪掉牵引线（配线架端接时不需要牵引线），如图7-9所示。

图7-9 步骤（3）

（4）按照配线架背面的568B线序色标进行线序排列，如图7-10所示。

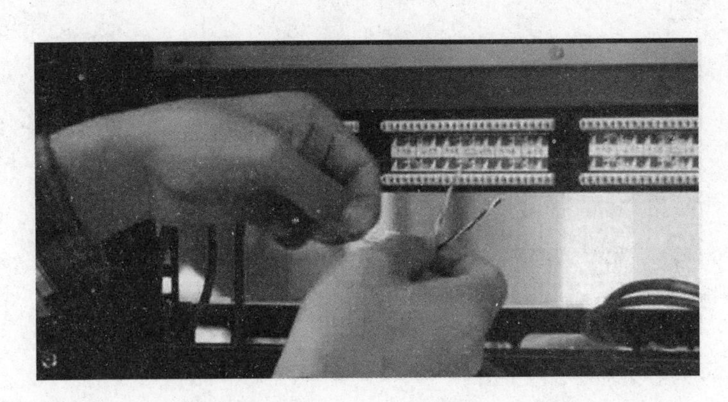

图 7－10　步骤（4）

（5）将网线依次压入 24 口配线架背面的压线槽内，为了减少干扰，压线槽与网线护套之间的距离越小越好，如图 7－11 所示。

图 7－11　步骤（5）

（6）用打线器逐个进行打压，当听到“哒”的一声时表示打压到位，同时打线刀会将多余的线芯剪断，如图 7－12 所示。

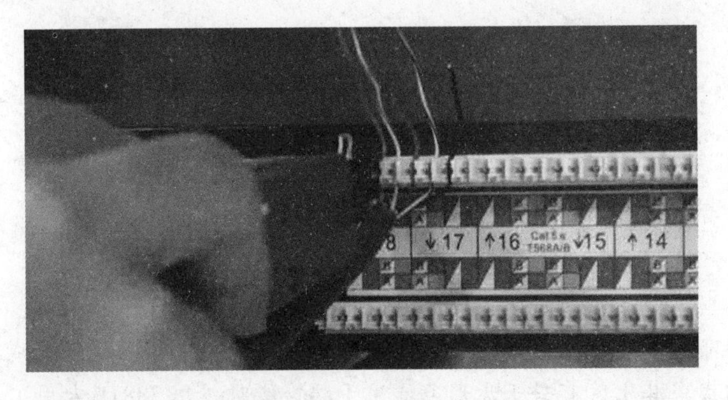

图 7－12　步骤（6）

（7）去掉多余的芯线后，24 口配线架端接完毕，如图 7－13 所示。

24 口配线架端接

图 7-13　步骤（7）

任务总结

本学习任务主要讲解信息网路布线中的配线架端接，分为 2 个学习活动开展，内容包括配线架的分类和配线架端接。配线架是信息网络布线系统中链路连接的重要设备，根据系统施工要求的不同，需要选择不同的配线架。本学习任务首先使学生了解配线架的种类，然后对典型的配线架进行端接操作。通过本学习任务的学习，学生可对配线架端接有深入了解。

学习任务八　跳线架端接

学习目标

（1）熟悉跳线架的型号和工作原理；

（2）熟练掌握跳线架端接技术。

建议课时

6 课时。

工作流程与活动

学习活动 1　跳线架的分类；

学习活动 2　大对数线缆；

学习活动 3　跳线架端接。

工作情景描述

在信息网络布线系统中，电话语音传输的节点端接通常使用跳线架完成。跳线架由阻燃的模块塑料件组成，其上装有若干齿形条，用于端接线对，用 788J1 专用工具可将线对按线序依次“冲压”到跳线架上，完成语音主干线缆以及语音水平线缆的端接。跳线架的常用规格有 100 对、200 对、400 对等。本学习任务主要介绍跳线架端接技术。

学习活动1 跳线架的分类

活动目标

（1）掌握跳线架的原理；

（2）熟悉跳线架的分类；

（3）掌握跳线架的选型。

实训地点

信息网络布线实训室。

活动课时

2课时。

活动过程

110型连接管理系统基本部件是跳线架、连接块、跳线和标签。110型跳线架是110型连接管理系统的核心部分，110型跳线架是阻燃、注模塑料做的基本器件，信息网络布线系统中的电缆线对就端接在其上，如图8－1所示。

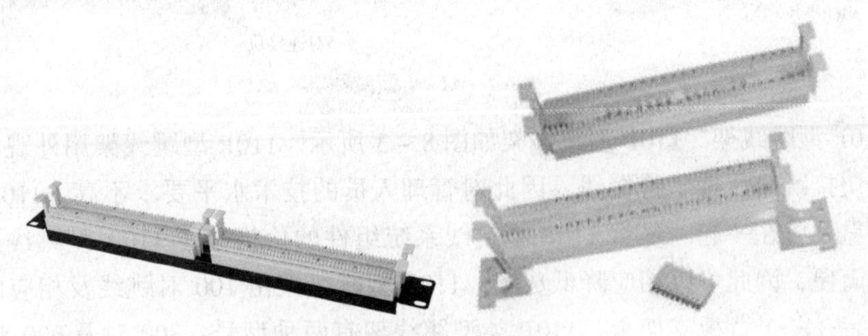

图8－1 110型跳线架

110型跳线架有25对110型跳线架、50对110型跳线架、100对110型跳线架、300对110型跳线架多种规格，它的套件还应包括4对连接块或5对连接块、空白标签和标签夹、基座。110型跳线系统使用方便的插拔式快接式跳接可以简单地进行回路的重新排列，这样就为非专业技术人员管理交叉连接系统提供了方便。110型跳线架主要有以下类型。

（1）110AW2：100对和300对连接块，带腿。

（2）110DW2：25对、50对、100对和300对连接块，不带腿。

（3）110AB：100对和300对带连接器的终端块，带腿。

（4）110PB－C：150对和450对带连接器的终端块，不带腿。

（5）110AB：100对和300对连接块，带腿。

（6）110BB：100对连接块，不带腿。

110型跳线架的缺点是不能进行二次保护，所以在入楼的地方需要考虑安装具有过流、过压保护装置的跳线架。

110 型跳线架主要有 5 种端接硬件类型：110A 型、110P 型、110JP 型、110VP VisiPatch 型和 XLBET 超大型。110A、110P、110JP、110VP VisiPatch 和 XLBET 系统具有相同的电气性能，但是其性能、规格及占用的墙场或面板大小则有所不同。每一种硬件都有它自己的优点。

（1）110A 型跳线架。110A 型跳线架有若干引脚，俗称“带腿的 110 型跳线架”。110A 型跳线架可以应用于所有场合，特别是大型电话应用场合，也可以应用在跳线间接线空间有限的场合，因为在 110A 型与 110P 型跳线线路数目相同的情况下，110A 型跳线架占用的空间是 110P 型跳线架的一半。110A 型跳线系统一般用 CCW－F 单连线进行跳线交连，而 CCW－F 跳线性能只达到三类，这限定了 110A 型跳线系统的性能在使用 CCW 跳线时其水平只能达到三类，但如果使用 110A 型快接式跳线则可以将性能提高到超五类或六类水平。110A 型跳线架是 110 型跳线系统中价格最低的组件，如图 8－2 所示。

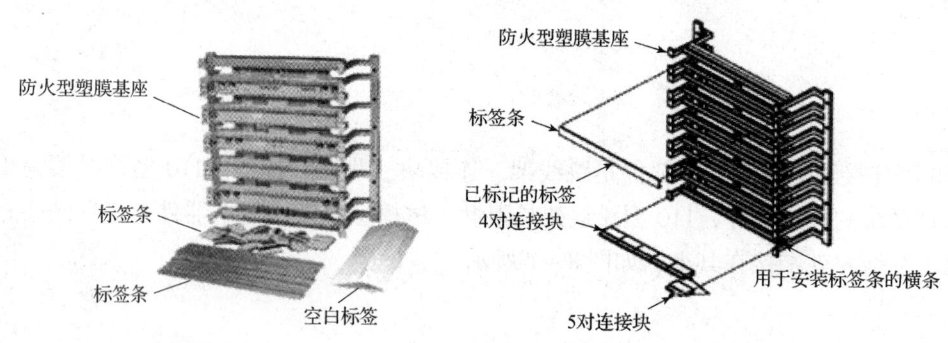

图 8－2　110A 型跳线架

（2）110P 型跳线架。110P 型跳线架如图 8－3 所示。110P 型跳线架用外观简洁、简单易用的插拔快接跳线代替了跨接线，因此对管理人员的技术水平要求不高。110P 型跳线系统组件不能重叠放在一起。尽管 110P 型跳线系统组件的价格高于 110A 型跳线系统，但是由于其管理简便，因此可以相应降低成本。110P 型跳线架由 100 对跳线及相应的水平过线槽组成并安装在一个背板支架上，110P 类型跳线架有两种型号：300 对及 900 对。110P 由 110DW 跳线架及其上的 110B3 过线槽组成，其底部是一个半密闭状的过线架，如图 8－3 所示。

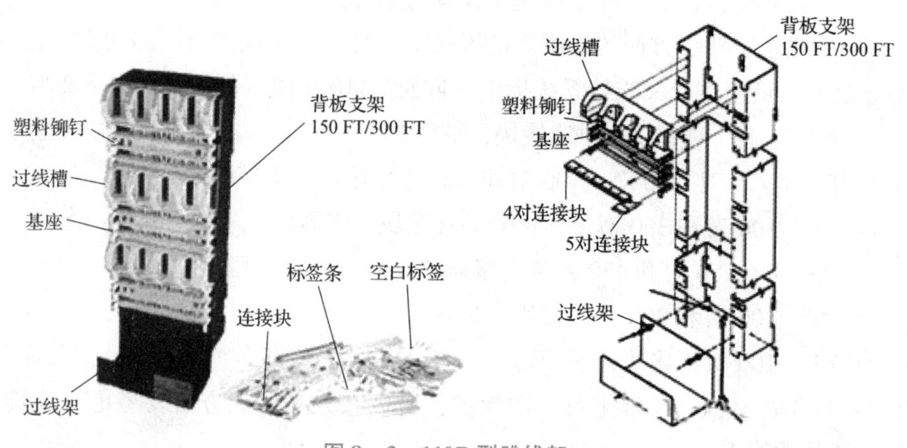

图 8－3　110P 型跳线架

（3）110JP 型跳线架。110JP（110Cat5 Jack Panels）型跳线架是110型模块插孔跳线架，它有一个110型跳线架装置和与其相连接的8针模块化插座，这种设计使得在110交叉连接现场的模块端接可避免中间部件的使用并节省劳动力，如图8－4所示。

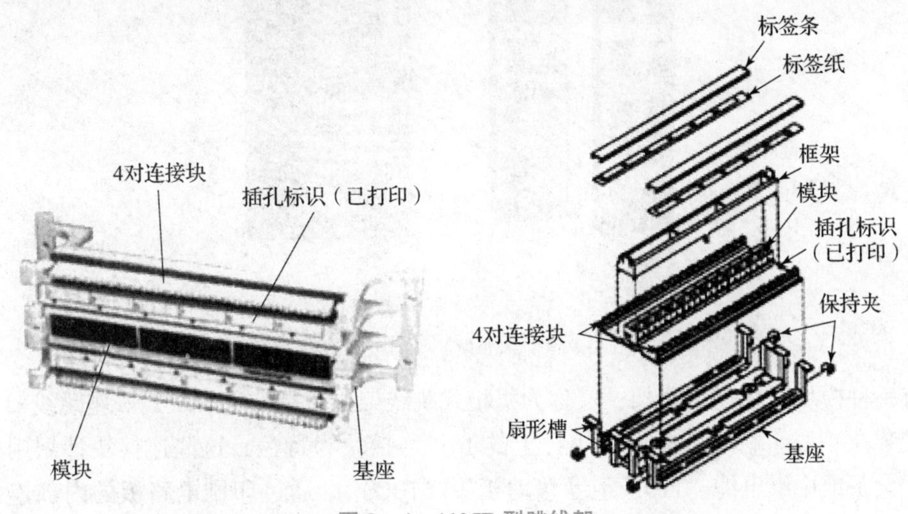

图8－4　110JP 型跳线架

（4）110VP VisiPatch 型跳线架。110 VisiPatch TM 是110 IDC 技术的革新，实现了独特的反向暗桩式跳线管理，增加了跳线密度，减少了线缆混乱，线路管理整洁美观。110VP VisiPatch 型跳线架有墙面安装式及机柜安装式，并且可垂直叠加，如图8－5所示。

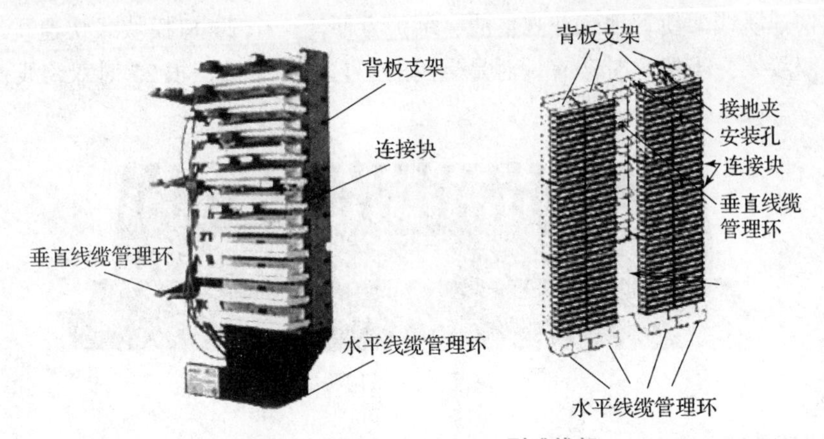

图8－5　110VP VisiPatch 型跳线架

（5）XLBET 超大型跳线架。超大型建筑物进线终端架系统 XLBET 适用于建筑群（校园）子系统，用来连接从中心机房来的电话网络线缆。设计它是因为有些场所需要大的进线设备和专用小型交换机（PBX），充分利用机房的空间十分重要。每个模块按24 in（61 cm）×23 in(58.4 cm)标准设计，以7 ft(2.13 m)高的单片或双面钢质中继导规间隔。超大型建筑物进线终端架系统最大负载能力为平行安装110AW2－300对线。每个架上有透明的指示标签。它主要包括3个部分：框架模块、跳线架模块和保护模块。框架模块含有一种轻型焊接钢制框架，它有两种设计形式：单面3 600对与双面7 200对。XLBET 超大型跳线架如图 8－6 所示。

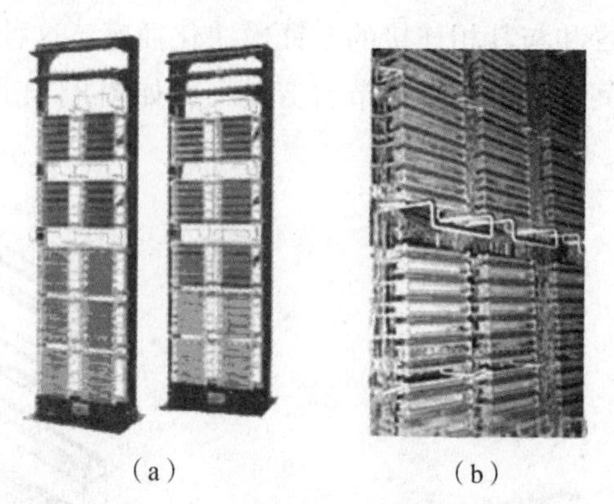

（a）　　（b）

图 8－6　XLBET 超大型跳线架

（a）3 600 对与 7 200 对的 XLBET 超大型跳线架；（b）已安装完成的 XLBET 超大型跳线架

还有一种模块式快速跳线架，又称为机柜式跳线架，它是一种模块式嵌座跳线架，线架后部以安装在一块印刷电路板（PWB）上的 10D 连接块为特色，这些连接块计划用于端接工作站、设备或中继电缆。110D 绝缘移动接头（IDC）区通过印刷电路板的内部连接已与跳线架前部的 8－Pin 模块式嵌座连接起来。模块式快速跳线架是一种 EIA RS－310 导轨安装单元，可容纳 24 个、32 个、64 个或 96 个嵌座。其中 24 口跳线架高度为 2U（89.0 mm）。模块式快速跳线架附件包括标签与嵌入式图标，方便用户对信息点进行标识。模块式快速跳线架在 19 in 标准机柜上安装时，还需选跳水平线缆管理环和垂直线缆管理环。

模块式快速跳线架使管理区外观整洁、维护方便。一个 24 口模块式快速跳线架可以端接 6 根 4 对双绞线，当然这时会有一对是空闲的。它也可端接一根 25 对双绞线，如图 8－7 所示。

图 8－7　模块式快速跳线架

学习活动 2　大对数线缆

活动目标

（1）掌握线缆的类别；

（2）熟悉大对数线缆的组成；

（3）掌握大对数线缆的排序。

实训地点

信息网络布线实训室。

活动课时

2 课时。

活动过程

1. 大对数线缆介绍

大对数即多对数的意思，指很多对线缆组成一小捆，再由很多小捆组成一大捆（更大对数的线缆则再由很多大捆组成一根大线缆），如图 8－8 所示。线缆按对绞线类型（屏蔽型4 对8 芯线缆）可分成三类、五类、超五类、六类等。按屏蔽层类型可分成UTP 电缆（非屏蔽）、FTP 电缆（金属箔屏蔽）、SFTP 电缆（双总屏蔽层）、STP 电缆（线对屏蔽和总屏蔽）；按规格（对数）可分成25 对、50 对、100 对等规格。

1）产品应用

根据建筑物防火等级和对材料的耐火要求，信息网络布线系统应采取相应的措施。在易燃的区域和大楼竖井内布放电缆或光缆时，应采用阻燃的电缆或光缆；在大型公共场所宜采用阻燃、低烟、低毒的电缆或光缆；相邻的设备间或交接间应采用阻燃型配线设备。

图 8－8　大对数线缆

2）产品款式

目前有以下几种类型的产品可供选择：LSOH 低烟无卤型，有一定的阻燃能力，会燃烧，释放 CO，但不释放卤素；LSHF－FR 低烟无卤阻燃型，不易燃烧，释放 CO 少，低烟，不释放卤素，危害性小；FEP 和 PFA 氟塑料树脂制成的线缆。

3）产品作用

大对数线缆产品主要用于垂直子系统。应根据工程对信息网络布线系统传输频率和传输距离的要求，选择线缆的类别（三类、超五类、六类铜芯对绞电缆或光缆）。

4）施工、安装要点

参见《建筑与建筑群综合布线系统工程验收规范》GB/T 50312—2000 和《建筑及建筑群综合布线系统工程施工及验收规范》CECS 89：97 中的要求。

2. 大对数线缆的排序

大对数线缆，比如通信电缆，由于线芯特别多，且颜色固定为某几种，因此只有掌握一定技巧才能区分出所有线缆对应的线序。下面介绍如何区分线序。

1）通信电缆的色谱

通信电缆的色谱由 10 种颜色组成，有 5 种主色和 5 种次色，5 种主色和 5 种次色又组成 25 种色谱。不管通信电缆的对数多大，其都是按 25 对色为 1 小把标识组成。

5 种主色：白色、红色、黑色、黄色、紫色；

5 种次色：蓝色、橙色、绿色、棕色、灰色。

2）线对区分法

每对线由主色和次色组成。例如：主色的白色分别与次色中各色组成1～5号线对。依此类推可组成25对，这25对为一基本单位。

3）扎带区分法

基本单位间用不同颜色的扎带扎起来以区分顺序。扎带颜色也由基本色组成，顺序与线对排列顺序相同。例如：白蓝扎带为第一组，线序号为1～25；白橙扎带为第二组，线序号为26～50，依此类推。

10对、25对、30对、50对、100对通信电缆线序分别见表8－1～表8－5。

表8－1　10对通信电缆线序

线序	颜色	线序	颜色	线序	颜色	线序	颜色	线序	颜色
1	白蓝	4	白棕	2	白橙	5	白灰	3	白绿
6	红蓝	9	红棕	7	红橙	10	红灰	8	红绿

表8－2　25对通信电缆线序

线序	颜色	线序	颜色	线序	颜色	线序	颜色	线序	颜色
1	白蓝	4	白棕	2	白橙	5	白灰	3	白绿
6	红蓝	9	红棕	7	红橙	10	红灰	8	红绿
11	黑蓝	14	黑棕	12	黑橙	15	黑灰	13	黑绿
16	黄蓝	19	黄棕	17	黄橙	20	黄灰	18	黄绿
21	紫蓝	24	紫棕	22	紫橙	25	紫灰	23	紫绿

表8－3　30对通信电缆线序

第一组："白蓝"标识线									
线序	颜色	线序	颜色	线序	颜色	线序	颜色	线序	颜色
1	白蓝	4	白棕	2	白橙	5	白灰	3	白绿
6	红蓝	9	红棕	7	红橙	10	红灰	8	红绿
11	黑蓝	14	黑棕	12	黑橙	15	黑灰	13	黑绿
16	黄蓝	19	黄棕	17	黄橙	20	黄灰	18	黄绿
21	紫蓝	24	紫棕	22	紫橙	25	紫灰	23	紫绿
第二组："白橙"标识线									
线序	颜色	线序	颜色	线序	颜色	线序	颜色	线序	颜色
26	白蓝	29	白棕	27	白橙	30	白灰	28	白绿

表 8－4　50 对通信电缆线序

第一组："白蓝"标识线									
线序	颜色	线序	颜色	线序	颜色	线序	颜色	线序	颜色
1	白蓝	4	白棕	2	白橙	5	白灰	3	白绿
6	红蓝	9	红棕	7	红橙	10	红灰	8	红绿
11	黑蓝	14	黑棕	12	黑橙	15	黑灰	13	黑绿
16	黄蓝	19	黄棕	17	黄橙	20	黄灰	18	黄绿
21	紫蓝	24	紫棕	22	紫橙	25	紫灰	23	紫绿
第二组："白橙"标识线									
线序	颜色	线序	颜色	线序	颜色	线序	颜色	线序	颜色
26	白蓝	29	白棕	27	白橙	30	白灰	28	白绿
31	红蓝	34	红棕	32	红橙	35	红灰	33	红绿
36	黑蓝	39	黑棕	37	黑橙	40	黑灰	38	黑绿
41	黄蓝	44	黄棕	42	黄橙	45	黄灰	43	黄绿
46	紫蓝	49	紫棕	47	紫橙	50	紫灰	48	紫绿

表 8－5　100 对通信电缆线序

第一组："白蓝"标识线									
线序	颜色	线序	颜色	线序	颜色	线序	颜色	线序	颜色
1	白蓝	4	白棕	2	白橙	5	白灰	3	白绿
6	红蓝	9	红棕	7	红橙	10	红灰	8	红绿
11	黑蓝	14	黑棕	12	黑橙	15	黑灰	13	黑绿
16	黄蓝	19	黄棕	17	黄橙	20	黄灰	18	黄绿
21	紫蓝	24	紫棕	22	紫橙	25	紫灰	23	紫绿
第二组："白橙"标识线									
线序	颜色	线序	颜色	线序	颜色	线序	颜色	线序	颜色
26	白蓝	29	白棕	27	白橙	30	白灰	28	白绿
31	红蓝	34	红棕	32	红橙	35	红灰	33	红绿
36	黑蓝	39	黑棕	37	黑橙	40	黑灰	38	黑绿
41	黄蓝	44	黄棕	42	黄橙	45	黄灰	43	黄绿
46	紫蓝	49	紫棕	47	紫橙	50	紫灰	48	紫绿

续表

第三组："白绿"标识线									
线序	颜色	线序	颜色	线序	颜色	线序	颜色	线序	颜色
51	白蓝	54	白棕	52	白橙	55	白灰	53	白绿
56	红蓝	59	红棕	57	红橙	60	红灰	58	红绿
61	黑蓝	64	黑棕	62	黑橙	65	黑灰	63	黑绿
66	黄蓝	69	黄棕	67	黄橙	70	黄灰	68	黄绿
71	紫蓝	74	紫棕	72	紫橙	75	紫灰	73	紫绿
第四组："白棕"标识线									
线序	颜色	线序	颜色	线序	颜色	线序	颜色	线序	颜色
76	白蓝	79	白棕	77	白橙	80	白灰	78	白绿
81	红蓝	84	红棕	82	红橙	85	红灰	83	红绿
86	黑蓝	89	黑棕	87	黑橙	90	黑灰	88	黑绿
91	黄蓝	94	黄棕	92	黄橙	95	黄灰	93	黄绿
96	紫蓝	99	紫棕	97	紫橙	100	紫灰	98	紫绿

学习活动3 跳线架端接

活动目标

（1）掌握常用工具的使用；

（2）熟练掌握跳线架端接；

（3）掌握大对数线缆端接。

实训地点

信息网络布线实训室。

活动课时

2课时。

活动过程

1. 110型跳线架端接

步骤如下。

（1）准备5对打线工具、跳线架、5对连接模块、双绞线、标签纸等，如图8－9所示。

（2）将网线跳线按照568B线序标准依次压入110型跳线架的压口，然后使用5对打线刀将线芯打入压槽，如图8－10所示。

图 8－9　步骤（1）

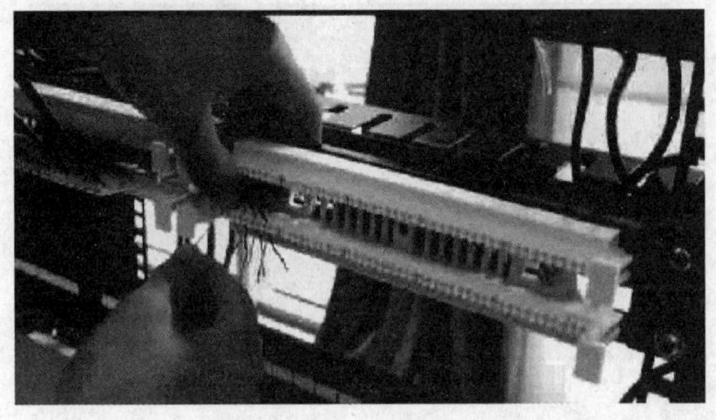

图 8－10　步骤（2）

（3）用老虎钳夹住 5 对连接模块，然后水平压入排好线序的线槽，使连接模块的齿牙和压入的网线完全接触，保证电器的连通性，如图 8－11 所示。

图 8－11　步骤（3）

110 型跳线架端接完成后的效果如图 8－12 所示。

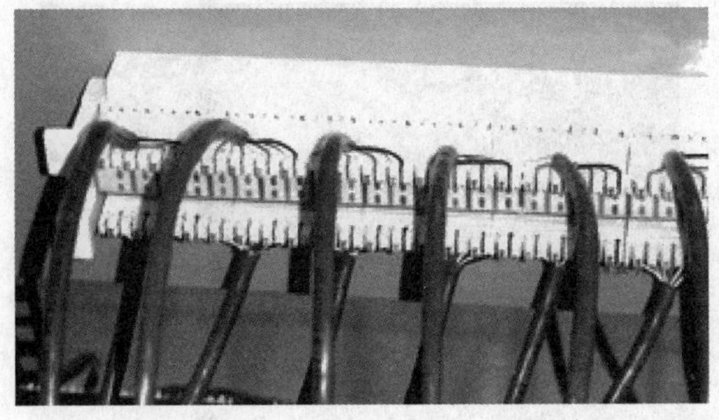

图 8－12　110 型跳线架端接完成后的效果

2. 24 口语音跳线架端接

步骤如下。

（1）准备好24口语音跳线架、25对大对数线缆、单口打线刀、开缆刀、斜口钳、扎带、标签纸等工具和材料。

语音配线架端接

（2）用开缆刀将25对大对数线缆的外护套剥离，然后剪掉牵引绳，如图8－13所示。

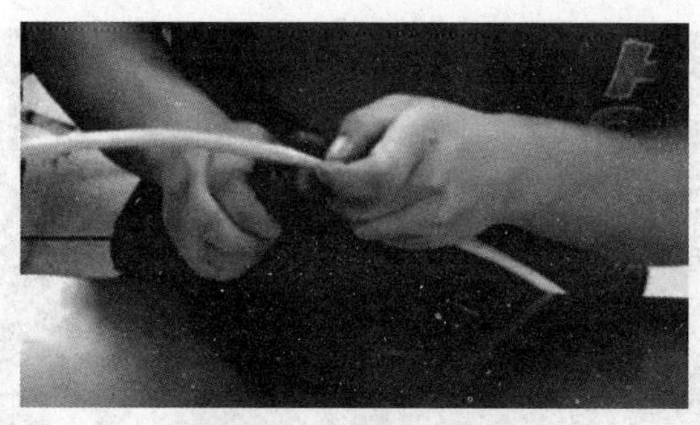

图8－13　步骤（2）

（3）留够线缆冗余，保证日后维修时有充足的线缆可以施工，将冗余的线缆用扎带固定在24口语音跳线架的一边，如图8－14所示。

图8－14　步骤（3）

（4）按照25对大对数线缆的主线、副线线序逐个将线缆压入24口语音跳线架指定的端口，如图8－15所示。

图8－15　步骤（4）

（5）使用扎带将线芯固定在24口语音跳线架的尾部支柱上，如图8-16所示。

图8-16　步骤（5）

（6）剪掉多余的扎带，24口语音跳线架端接完成，如图8-17所示。

图8-17　步骤（6）

任务总结

本学习任务主要讲解信息网路布线中的跳线架端接，分为3个学习活动开展，内容包括跳线架的分类、大对数线缆和跳线架端接。跳线架是信息网络布线系统中链路连接的重要设施，根据系统施工要求的不同，需要选择不同的跳线架。本学习任务首先使学生了解跳线架的种类，然后对典型的跳线架进行端接操作。通过本学习任务的学习，学生应对跳线架端接有深入了解。

学习任务九　管路敷设

学习目标

（1）熟悉PVC线槽和线管的规格尺寸；

（2）熟练掌握PVC线槽的切割及安装方法；

（3）熟练掌握PVC线管的弯管及安装方法；

（4）熟练掌握桥架的安装方法。

建议课时

9课时。

工作流程与活动

学习活动 1　PVC 线管的安装；
学习活动 2　PVC 线槽的安装；
学习活动 3　桥架的安装。

工作情景描述

在信息网络布线系统中，每个子系统之间主要通过桥架和 PVC 线槽和 PVC 线管连接，这样不但能保证信息网络布线系统正常工作，同时能保证布线美观。本学习任务主要介绍信息网络布线系统中常用的 PVC 线管、PVC 线槽的规格尺寸，PVC 线槽的切割，PVC 线管的弯管及 PVC 线管、PVC 线槽的安装，同时讲解桥架的安装。

学习活动 1　PVC 线管的安装

活动目标

（1）熟悉 PVC 线管的分类；
（2）掌握 PVC 线管的安装方法。

实训地点

信息网络布线实训室。

活动课时

3 课时。

活动过程

PVC 线管按连接形式分为螺纹套管和非螺纹套管，其中非螺纹套管较为多见；按力学性能分为低机械应力套管（简称为“轻型”）、中机械应力套管（简称为“中型”）、高机械应力套管（简称为“重型”）和超高机械应力套管（简称为“超重型”）；按弯曲特点分为硬质套管、半硬质套管，其中硬质套管又分为冷弯型硬质套管和非冷弯型硬质套管。在建筑行业中常见的类型为非螺纹中型硬质套管。PVC 线管如图 9－1 所示。

图 9－1　PVC 线管

PVC 线管相对其他护套管具有价格低廉、电性能优良、安装方便等优点，因此在建筑领域深受欢迎。普通消费者在家装行业、建筑电工行业所见到的穿线管 90% 以上是 PVC 线管。PVC 线管规格见表 9－1。

表 9－1　PVC 线管规格

公称口径		外径/mm	壁厚/mm	重量/(kg·m^{-1})
mm	in			
13	1/2	12.7	1.24	0.34
16	5/8	15.87	1.6	0.43
20	3/4	19.05	1.6	0.53
25	1	25.4	1.6	0.72
32	$1\frac{1}{4}$	31.75	1.6	0.90
38	$1\frac{1}{2}$	38.1	1.6	1.13
50	2	50.8	1.6	1.47

PVC 线管安装步骤如下。

（1）准备 PVC 线管常用安装工具，如图 9－2 所示。

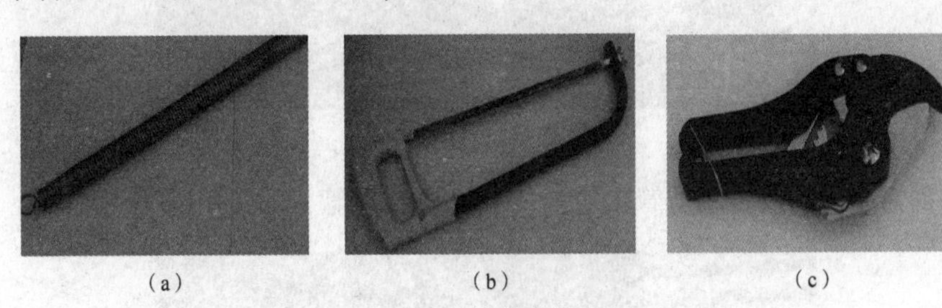

（a）　（b）　（c）

图 9－2　PVC 线管常用安装工具

（a）弯管弹簧；（b）钢锯；（c）剪管钳

（2）将弯管弹簧插入 PVC 线管中要弯曲的部位，如图 9－3 所示。

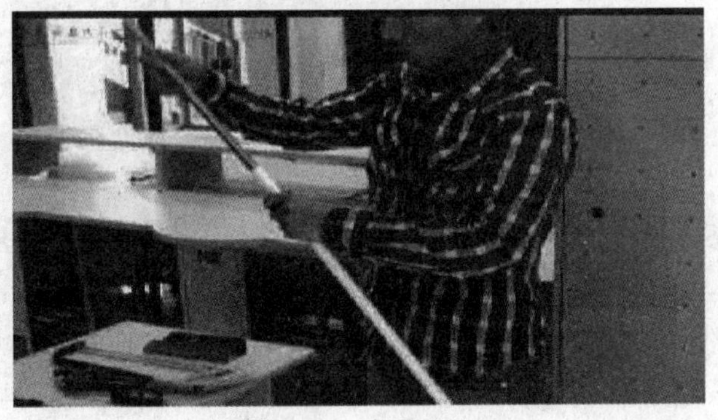

图 9－3　步骤（2）

（3）两手握住弯管弹簧的两端，屈膝，将 PVC 线管放在大腿膝盖处，手用力向下，进行 PVC 线管弯管，如图 9－4 所示。

图 9－4　步骤（3）

（4）PVC 线管弯管后抽出弯管弹簧，最好在弯管弹簧上系一根线绳，以便于抽出弯管弹簧，如图 9－5 所示。

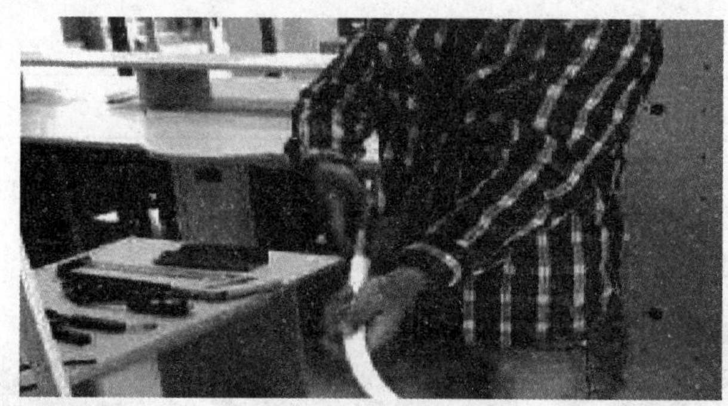

图 9－5　步骤（4）

（5）根据需要的长度，用剪管钳剪去多余的 PVC 线管，如图 9－6 所示。

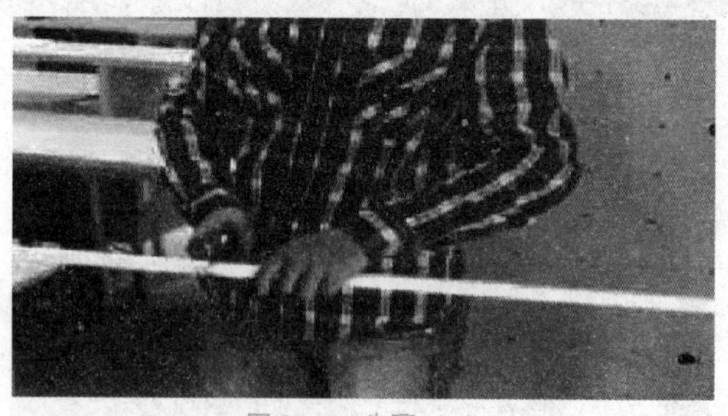

图 9－6　步骤（5）

（6）在墙面上安装线管卡，大约 50 cm 安装一个，弯曲处可以多安装线管卡，如图 9－7 所示。

（7）固定 PVC 线管。线管卡安装好后，卡入弯好的 PVC 线管，注意线管卡的尺寸要和 PVC 线管配套，为了便于后续工程的施工，事先应该先穿好网线，再安装 PVC 线管，如图 9－8 所示。

图 9－7　步骤（6）

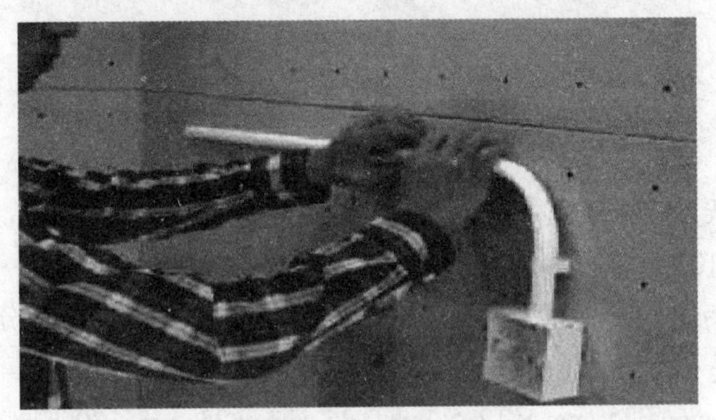

图 9－8　步骤（7）

学习活动 2　PVC 线槽的安装

活动目标

（1）熟悉 PVC 线槽的分类；

（2）掌握 PVC 线槽的安装方法。

实训地点

信息网络布线实训室。

活动课时

3 课时。

活动过程

信息网络布线系统中除了线缆外，线槽也是一个重要的组成部分，是信息网络布线系统的基础性材料。在信息网络布线系统中使用的 PVC 线槽主要有金属槽和塑料槽及其附件。

1. 金属槽和塑料槽

金属槽由槽底、槽盖组成，每根金属槽的长度一般为 2 m，槽与槽连接时应使用相应尺寸的铁板和螺丝固定，如图 9－9 所示。

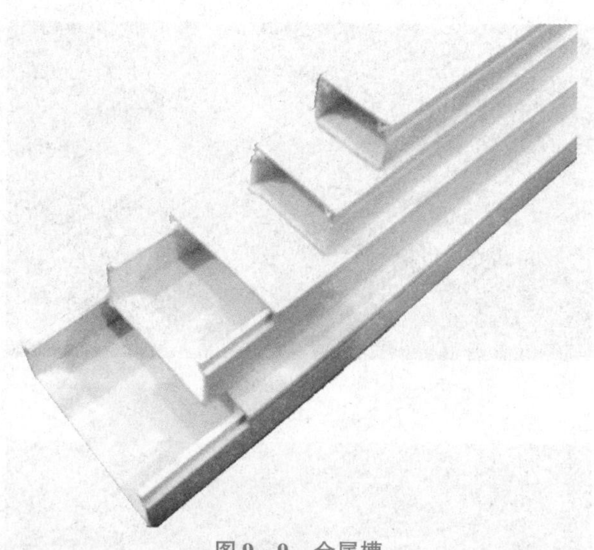

图9-9　金属槽

在信息网络布线系统中使用的金属槽的规格一般有50 mm×100 mm、100 mm×100 mm、100 mm×200 mm、100 mm×300 mm、200 mm×400 mm等多种。

塑料槽的外形与金属槽类似，但它的品种规格更多，从型号上分为PVC-20系列、PVC-25系列、PVC-25F系列、PVC-30系列、PVC-50系列、PVC-40系列等，从规格上分为20 mm×12 mm、25 mm×12.5 mm、25 mm×25 mm、30 mm×15 mm、40 mm×20 mm等。

与PVC线槽配套的附件有阳角、阴角、直转角、平三角、顶三角、左三角、右三角、连接头、终端头和接线盒（暗盒、明盒）等，如图9-10所示。

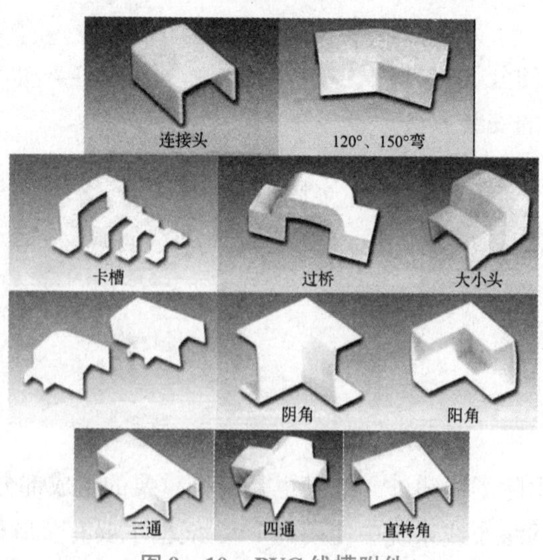

图9-10　PVC线槽附件

2. PVC线槽安装步骤

（1）准备PVC线槽常用安装工具，如图9-11所示。

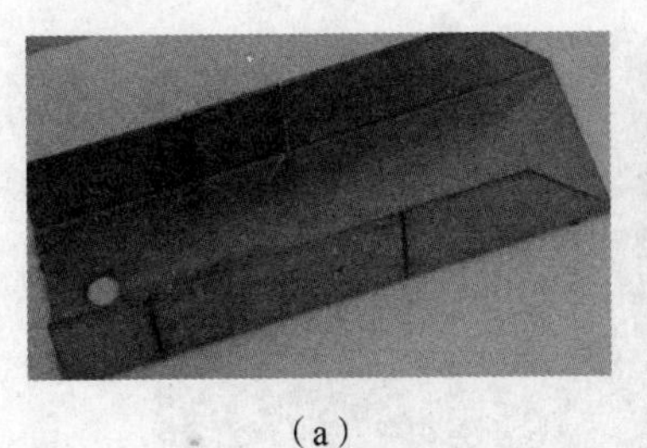

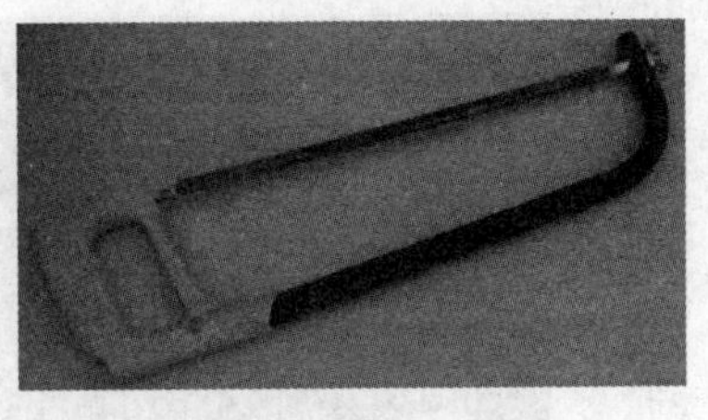

（a）　　　　　　（b）

图9－11　PVC线槽常用安装工具

（a）钢制角模；（b）钢锯

（2）将PVC线槽放入钢制角模中，利用钢锯裁剪，在裁剪过程中注意水平垂直，不要锯偏，如图9－12所示。

图9－12　步骤（2）

（3）对PVC线槽裁斜角，裁斜角时要利用钢制角模，使PVC线槽底平面在上，以方便裁剪，如图9－13所示。

图9－13　步骤（3）

（4）安装PVC线槽时要做到横平竖直，不要安装歪了，如图9－14所示。

（5）固定PVC线槽盖板，盖板应该在穿好线后盖起来，注意90°夹角处要通过钢制角模裁剪，如图9－15所示。

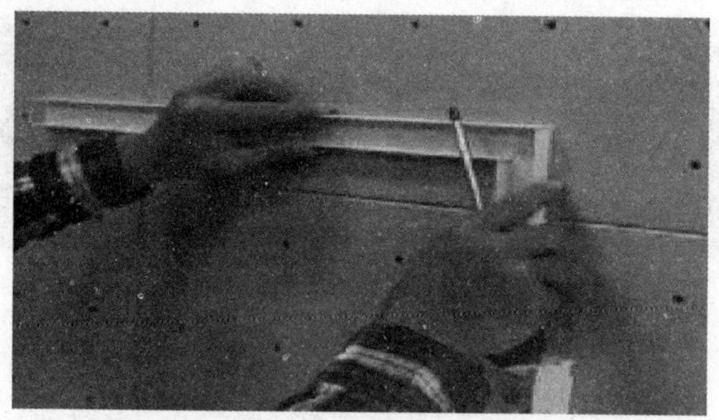

图 9-14　步骤（4）

图 9-15　步骤（5）

学习活动 3　桥架的安装

活动目标

（1）熟悉桥架的分类、工艺特点及用途；

（2）掌握桥架的安装方法。

实训地点

信息网络布线实训室。

活动课时

3 课时。

活动过程

1. 桥架的分类

1）按材料分

（1）钢质电缆桥架（不锈钢）；

（2）铝合金电缆桥架；

（3）玻璃钢电缆桥架（手糊和机压两种）；

（4）防火阻燃桥架［阻燃板（无机）、阻燃板加钢质外壳、钢质外壳加防火涂料］，如

图 9－16 所示。

图 9－16　桥架

2）按形式分

（1）槽式；

（2）托盘式；

（3）梯级式；

（4）组合式。

3）按表面处理分

（1）冷镀锌及锌镍合金；

（2）喷塑；

（3）喷漆；

（4）热镀锌；

（5）热喷锌。

2. 桥架的安装方法

电缆桥架的安装主要有沿顶板安装、沿墙水平和垂直安装、沿竖井安装、沿地面安装、沿电缆沟及管道支架安装等方式。安装所用支（吊）架可选用成品或自制。支（吊）架的固定方式主要有预埋铁件上焊接、膨胀螺栓固定等。桥架的安装应符合以下规定。

（1）直线段钢制电缆桥架长度超过 30 m，铝合金或玻璃钢制桥架长度超过 15 m 时，设有伸缩节；电缆桥架跨越建筑变形缝处设置补偿装置。

（2）电缆桥架应在下列地方设置吊架或支架：桥架接头两端 0.5 m 处；每间距 1.5～3 m 处；转弯处；垂直桥架每隔 1.5 m 处。

（3）支（吊）架安装保持垂直、整齐、牢固，无歪斜现象。

（4）桥架连接板螺栓固定紧固无遗漏，螺母位于桥架外侧。

（5）电缆桥架应敷设在易燃易爆气体管道和热力管道的下方，当设计无要求时，电缆桥架与管道的最小净距应符合表 9－2 所示规定。

表 9－2　电缆桥架与管道的最小净距　　m

管道类别	平等净距	交叉净距
一般工艺管道	0.4	0.3
易燃易爆气体管道	0.5	0.5

续表

管道类别		平等净距	交叉净距
热力管道	有保温层	0.5	0.3
	无保温层	1.0	0.5

（6）金属桥架及其支架全长应不少于2处接地或接零。

（7）金属桥架间连接片两端有不少于2个带防松螺帽或防松垫圈的连接固定螺栓，并且连接片两端跨接截面积不小于4 mm^2 的铜芯接地线。

（8）桥架左、右偏差不大于50 mm；桥架水平度每米偏差不应大于2 mm；桥架垂直度偏差不应大于3 mm。

（9）建筑电气工程中的电缆桥架均为钢制产品，在工业工程中较少采用，为了防腐蚀应使用非金属桥架或铝合金桥架。因此，其接地或接零至为重要，目的是保证供电干线电路的使用安全。有的施工设计在桥架内底部，全线敷设一支铜或镀锌扁钢制成的保护地线（PE），且与桥架每段有数个电气连通点，则桥架的接地或接零保护十分可靠。

3. 桥架型号表示方法

桥架型号表示方法如图9－17所示。

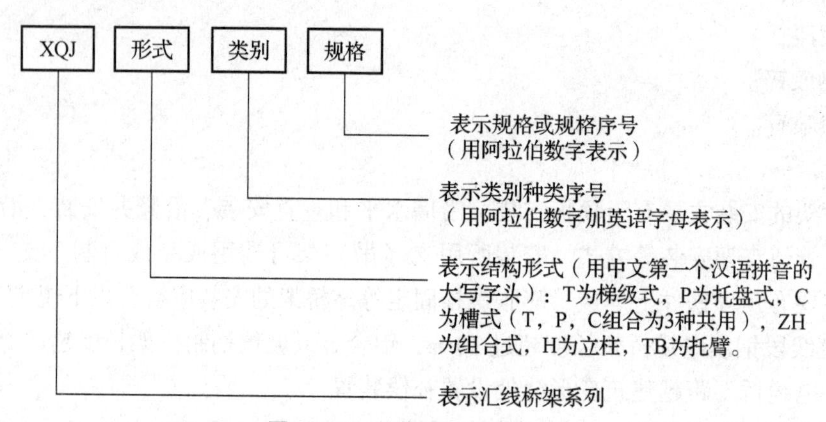

图9－17　桥架型号表示方法

4. 桥架安装示意

桥架安装示意如图9－18所示。

5. 桥架托臂的安装

桥架托臂在工字钢、槽钢、角钢立柱上安装时使用M10×50螺栓连接固定，托臂长度由设计确定，如图9－19所示。

6. 桥架布线

桥架布线要求同类型的线缆放在一起，用魔术贴捆扎，一般魔术贴的距离控制在1 m范围内，铜缆和光缆分开铺设，要求横平竖直，机架和桥架之间要预留足够的线缆，标签要表明线缆的类别和编号。桥架布线如图9－20所示。

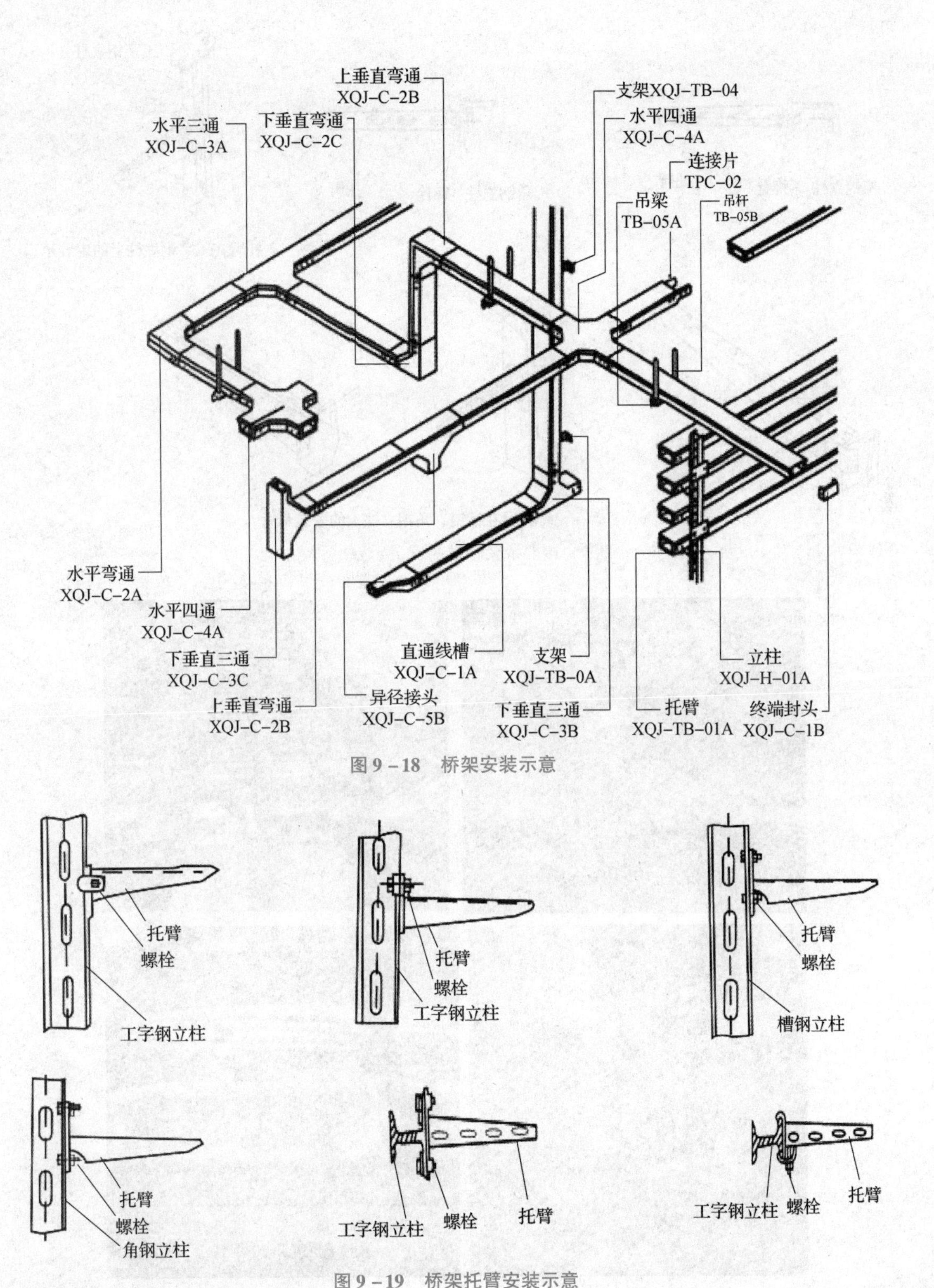

图 9-18　桥架安装示意

图 9-19　桥架托臂安装示意

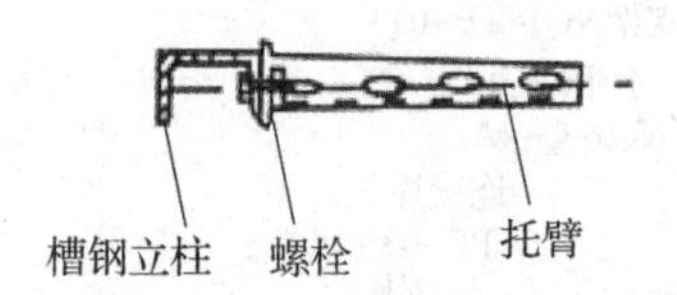

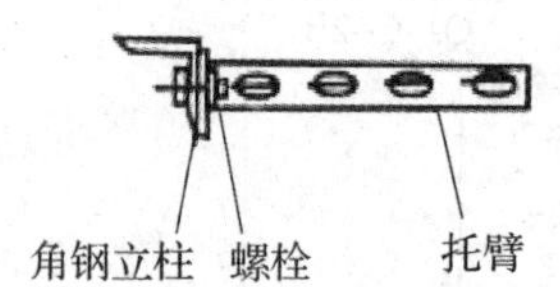

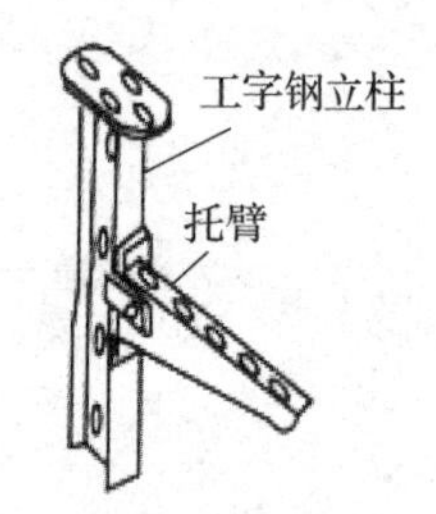

托臂在工字钢立柱上的安装示意

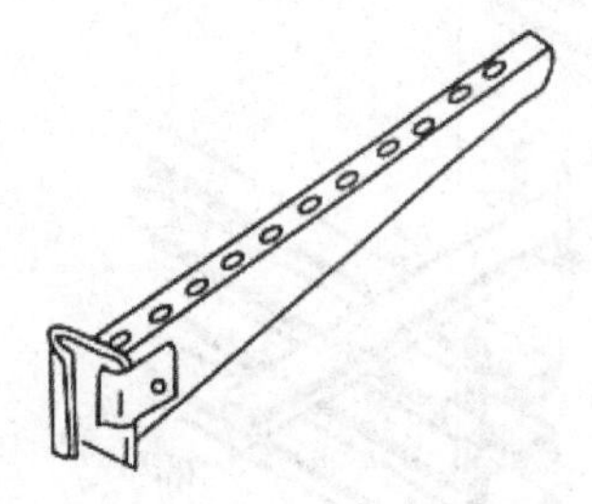

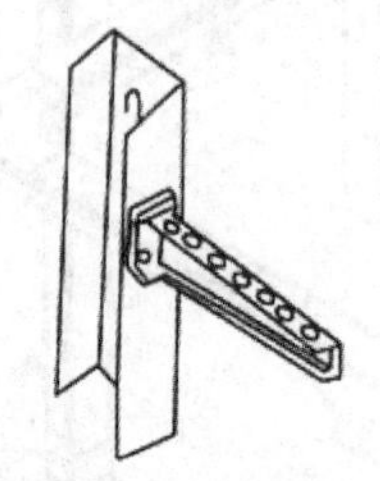

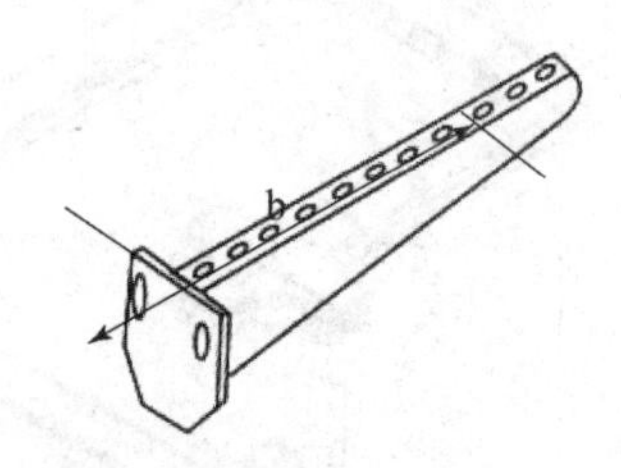

托臂在槽钢、角钢立柱上的安装示意

图 9－19　桥架托臂的安装示意（续）

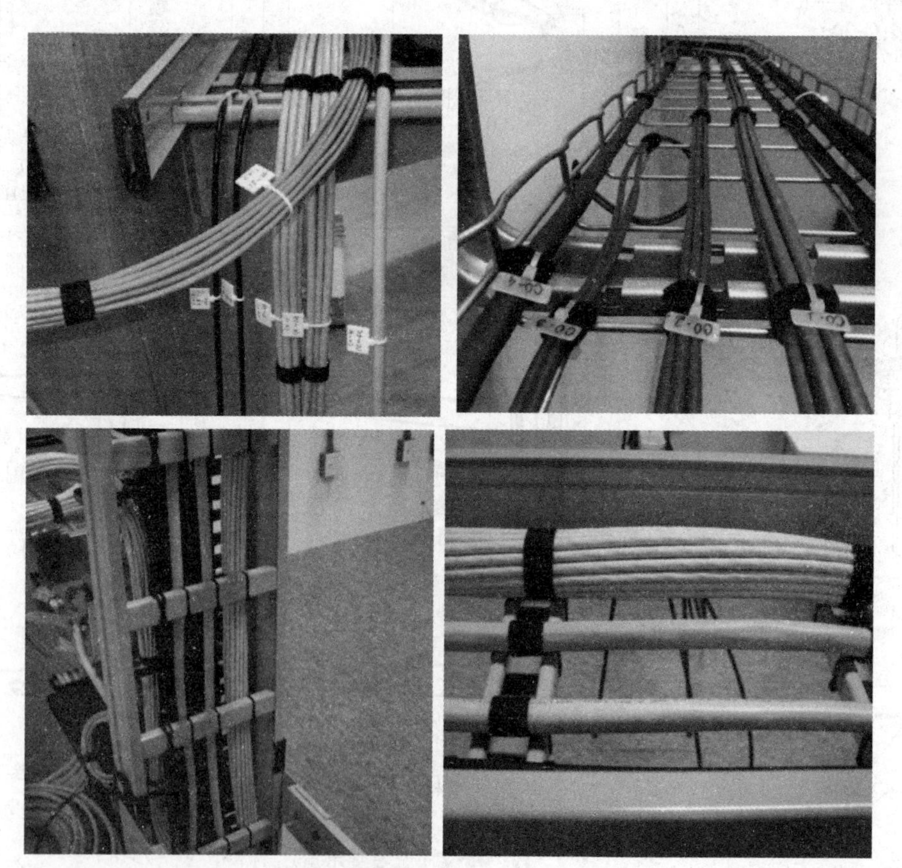

图 9－20　桥架布线

任务总结

本学习任务主要讲解信息网络布线中的管路敷设，分为3个学习活动开展，主要内容包括PVC线槽、PVC线管和桥架的种类，PVC线槽和PVC线管的安装，桥架的安装和布线。通过本学习任务的学习，学生可对管路敷设有深入了解。

学习任务十　光纤熔接

学习目标

(1) 熟悉光纤的分类和型号；
(2) 熟练掌握光纤剥纤；
(3) 熟练掌握光纤切割；
(4) 熟练掌握光纤熔接；
(5) 熟练掌握光纤盘纤和测试。

建议课时

9课时。

工作流程与活动

学习活动1　光纤的分类；
学习活动2　光纤切割；
学习活动3　光纤熔接；
学习活动4　光纤终端盒熔接。

工作情景描述

在信息网络布线系统中，光纤扮演着非常重要的角色，建筑群子系统和建筑物子系统通常需要通过光纤连接。光纤熔接是一门非常复杂而且精细的工作。本学习任务主要讲解光纤的分类和光纤熔接技术。

学习活动1　光纤的分类

活动目标

(1) 熟悉光纤传输原理；
(2) 掌握光纤连接器的类型；
(3) 熟练掌握光纤的分类。

实训地点

信息网络布线实训室。

活动课时

3 课时。

活动过程

按光在光纤中的传输模式光纤分为单模光纤（Single Mode Fiber）和多模光纤（Multi Mode Fiber）。多模光纤的纤芯直径为 50～62.5 μm，包层外直径为 125 μm；单模光纤的纤芯直径为 8.3 μm，包层外直径为 125 μm。光纤的工作波长有短波长 0.85 μm、长波长 1.31 μm 和 1.55 μm。光纤损耗一般是随波长的增大而减小，0.85 μm 波长的损耗为 2.5 dB/km，1.31 μm 波长的损耗为 0.35 dB/km，1.55 μm 波长的损耗为 0.20 dB/km，这是光纤的最低损耗，波长在 1.65 μm 以上时损耗趋向增大。由于 OH^- 的吸收作用，0.90～1.30 μm 和 1.34～1.52 μm 波长范围内都有损耗高峰，这两个波长范围未能被充分利用。从 20 世纪 80 年代起，人们倾向于使用单模光纤，而且先用长波长 1.31 μm。几种类型的光纤如图 10－1 所示。

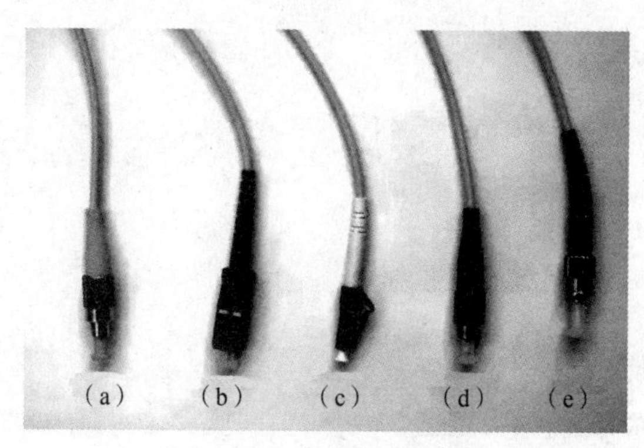

图 10－1　几种类型的光纤

(a) APC；(b) SC；(c) LC；(d) FC；(e) ST

多模光纤：中心玻璃芯较粗（芯径一般为 50 μm 或 62.5 μm），可传播多种模式的光。其模间色散较大，这限制了传输数字信号的频率，而且随距离的增加色散现象会更加严重。例如：600 MB/km 的光纤在 2 km 时只有 300 MB 的带宽。因此，多模光纤传输的距离比较小，一般只有几千米。

单模光纤：中心玻璃芯很细（芯径一般为 9 μm 或 10 μm），只能传播一种模式的光。因此，其模间色散很小，适用于远程通信，但还存在材料色散和波导色散，这样单模光纤对光源的谱宽和稳定性有较高的要求，即谱宽要窄，稳定性要好。后来人们又发现在 1.31 μm 波长处，单模光纤的材料色散和波导色散一为正、一为负，大小也正好相等。这就是说在 1.31 μm 波长处，单模光纤的总色散为零。从光纤的损耗特性来看，1.31 μm 波长处正好是光纤的一个低损耗窗口。这样，1.31 μm 波长区就成了光纤通信的一个很理想的工作窗口，也是现在实用光纤通信系统的主要工作波段。1.31 μm 常规单模光纤的主要参数是由国际电信联盟 ITU－T 在 G652 建议中确定的，因此这种光纤又称为 G652 光纤。

在单模光纤中，模内色散是比特率的主要制约因素。由于其比较稳定，如果需要，可以通过增加一段一定长度的“色散补偿单模光纤”来补偿色散。零色散补偿光纤就是使用一段具有很大负色散系数的光纤来补偿在 1 550 nm 处具有较高色散的光纤，使得光纤在 1 550 nm 波长附近的色散很小或为零，从而可以实现光纤在 1 550 nm 波长处具有更高的传输速率。

在多模光纤中，模式色散与模内色散是影响带宽的主要因素。PCVD 工艺能够很好地控制折射率分布曲线，给出优秀的折射率分布曲线，对渐变型多模光纤（GIMM），可通过限制模式色散而得到高的模式带宽。

全系统带宽达到一定程度时，同样受到模内色散的制约，尤其在 850 nm 波长处，多模光纤的模内色散非常大。一些国际标准给出的多模光纤在 850 nm 波长处的色散系数为 －120 ps/(nm · km)，而 PCVD 多模光纤的色散值介于 －95～－110 ps/(nm · km)。

光纤尾纤需要光纤连接器连接，常用的光纤连接器有以下 4 种类型，各个类型外形如图 10－2 所示。

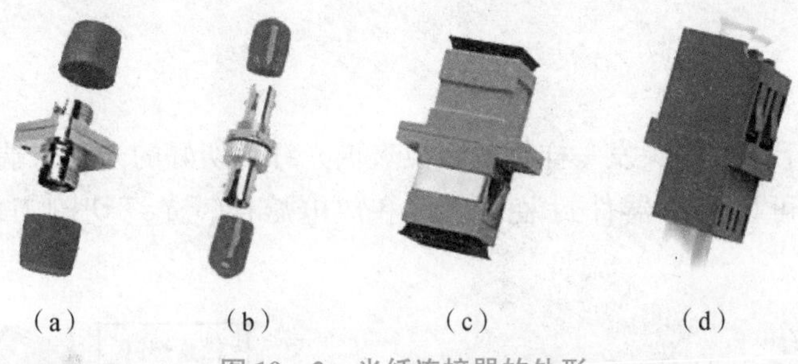

（a）　（b）　（c）　（d）

图 10－2　光纤连接器的外形

（a）FC；（b）ST；（c）SC；（d）LC

（1）FC/PC：圆形光纤接头/微凸球面研磨抛光；

（2）SC/PC：方形光纤接头/微凸球面研磨抛光；

（3）FC/APC：圆形光纤接头/面呈 8°角并作微凸球面研磨抛光；

（4）LC：LC 型光接口是收发分离结构，因此每一个 LC 型光接口需要配置 2 个 PCS。

光纤尾纤（Patch Cord）又叫作光跳线，即两头带光纤连接器的软光纤，用于设备至光纤配线架的连接以及光纤配线架之间的跳接。光跳线颜色为黄色时，表示单模跳线，如图 10－3 所示。光跳线颜色为橙色时，表示多模跳线，如图 10－4 所示。

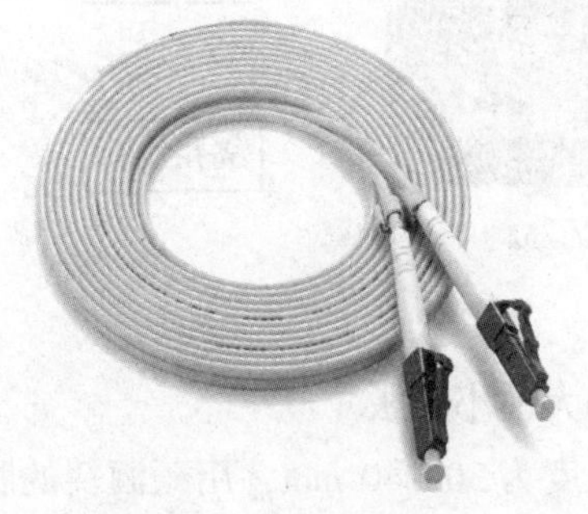

图 10－3　单模跳线

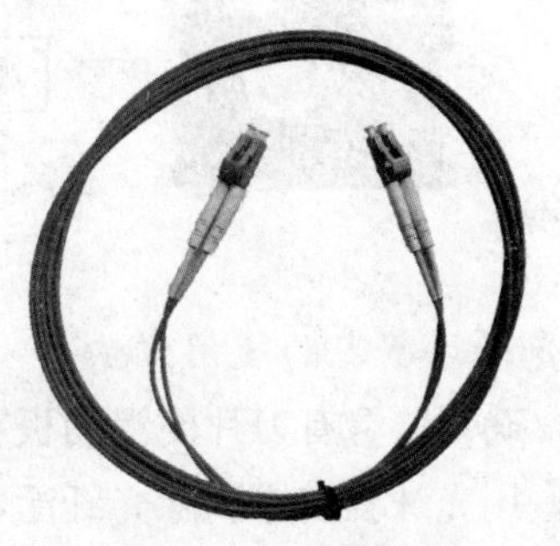

图 10－4　多模跳线

学习活动2 光纤切割

活动目标

（1）掌握光纤切割刀的使用方法；
（2）熟练掌握光纤剥纤方法；
（3）熟练使用光纤切割刀；
（4）掌握光纤切割技巧。

实训地点

信息网络布线实训室。

活动课时

3课时。

活动过程

光纤切割刀用于切割像头发一样细的石英玻璃光纤，切好的光纤末端经数百倍放大后观察仍是平整的，才可以用于器件封装、冷接和放电熔接。光纤切割刀的结构如图10－5所示。

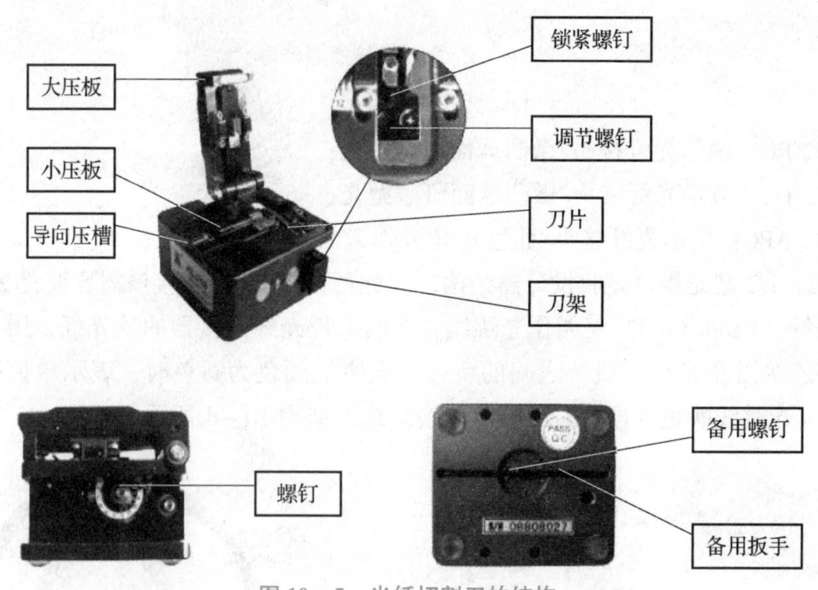

图10－5　光纤切割刀的结构

1. 光纤切割刀的使用方法

（1）确认装置有刀片的滑动板在面前一端，打开大、小压板。

（2）用光纤剥离钳剥除光纤涂覆层，预留裸纤长度为30～40 mm，用蘸酒精的脱脂棉或棉纸包住光纤，然后把光纤擦干净。用脱脂棉或棉纸擦一次，不要用同样的脱脂棉或棉纸擦第二次（注意：请用纯度大于99%的酒精）。

（3）目测光纤涂覆层边缘对准切割器标尺上（12～20 cm）适当的刻度后，左手将光纤放入导向压槽，要求裸光纤笔直地放在左、右橡胶垫上。

（4）合上小压板、大压板，推动装置有刀片的滑动板，使刀片划切光纤下表面，并自由滑动至另一侧，切断光纤。

（5）左手扶住光纤切割器，右手打开大压板并取走光纤碎屑，放到固定的容器中。

（6）用左手捏住光纤，同时右手打开小压板，仔细移开切好端面的光纤。注意：整洁的光纤断面不要碰及他物。

2. 室内光纤切割操作方法（步骤）

（1）剥掉光纤塑料外套，长度保持在 15 cm 左右，不要太短，否则不利于后续熔接操作，如图 10－6 所示。

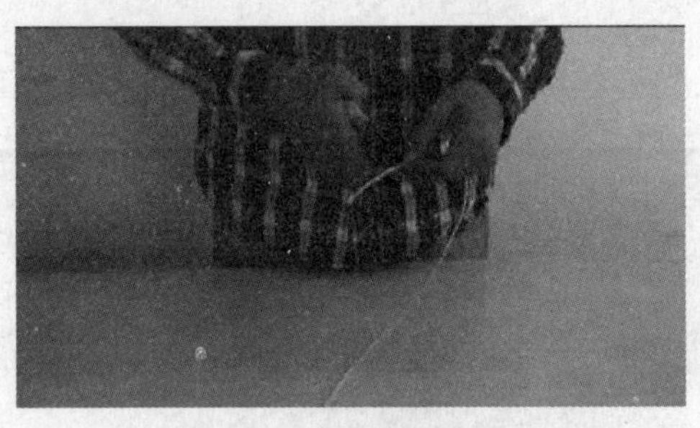

图 10－6　步骤（1）

（2）剪掉牵引尼龙绳，牵引尼龙绳起到保护光纤纤芯的作用，熔接时不需要，必须剪断，如图 10－7 所示。

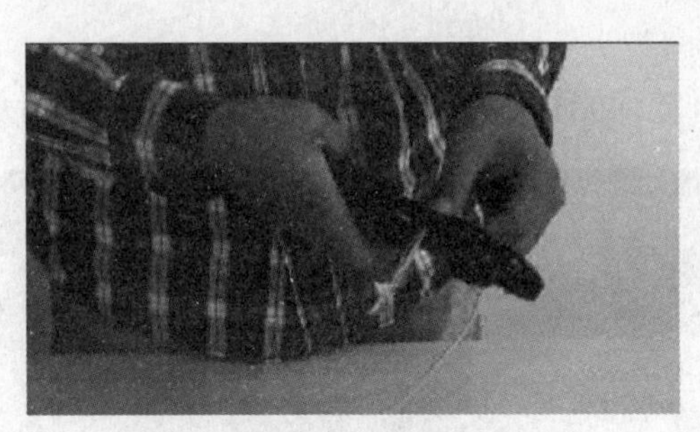

图 10－7　步骤（2）

（3）剥离光纤外层塑料护层，注意光纤剥离钳和纤芯成 45°夹角，均匀用力推出，保证纤芯不被剥断，如图 10－8 所示。

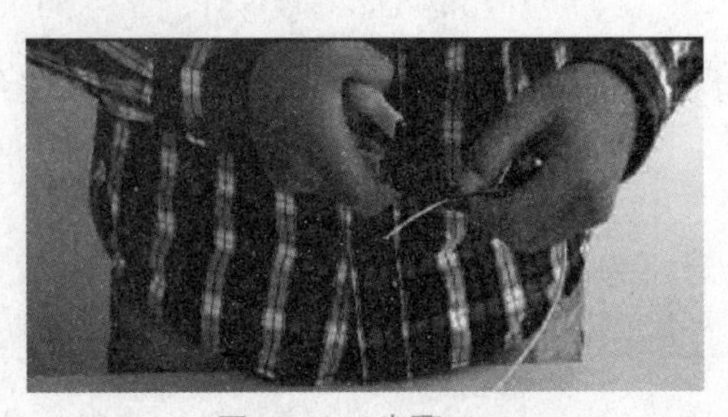

图 10－8　步骤（3）

（4）利用光纤剥离钳剥除光纤外表的树脂涂层，注意钳口与光纤丝成45°夹角，缓慢推出，如图10－9所示。

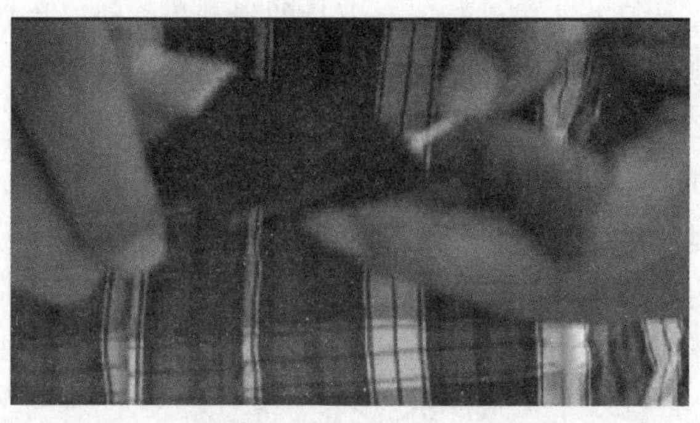

图10－9　步骤（4）

（5）利用酒精棉除去光纤丝表面的残余物，以便于后续熔接工作，如图10－10所示。

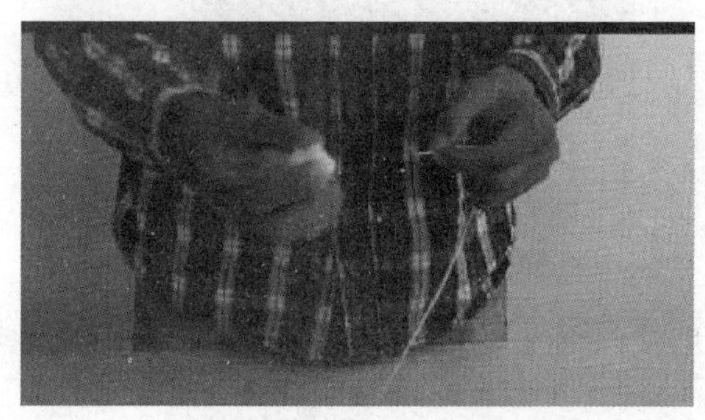

图10－10　步骤（5）

（6）将擦拭好的光纤放入光纤切割刀内固定，如图10－11所示。

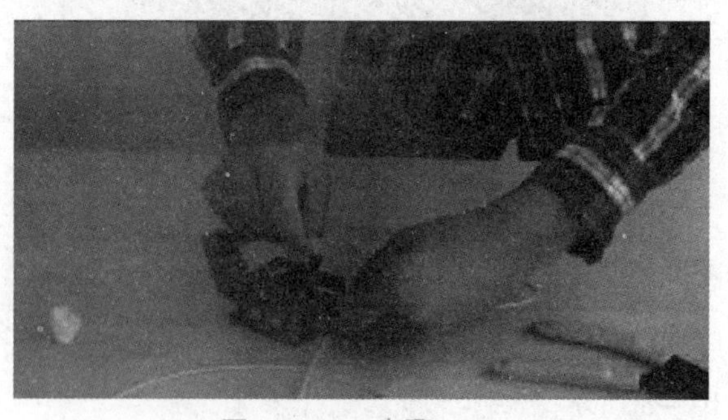

图10－11　步骤（6）

（7）按下大压板进行光纤切割，将切割好的光纤立即送入光纤熔接机内固定，以便后续光纤熔接。

学习活动3　光纤熔接

活动目标

（1）熟悉光纤熔接机的工作原理；

（2）掌握光纤熔接机的使用方法；

（3）熟练掌握光纤熔接技术。

实训地点

信息网络布线实训室。

活动课时

3 课时。

活动过程

光缆熔接是一项细致的工作，特别在端面制备、熔接、盘纤等环节，要求操作者仔细观察，周密考虑，操作规范。光纤熔接需要借助光纤熔接机来完成，光纤熔接机是精密仪器。

1. 光纤熔接机的工作原理

先进行光纤对准，主要采用横向成像对准法，对光纤侧面成像的图像进行处理。将与光纤位置或方位角相关的特征值作为自变量，反向引入相关变量（即光纤位置或方位信息），并通过精密电动机系统控制光纤的平移和旋转，以便达到聚变前对齐。对齐完成后，就是焊接环节。焊接前，先对光纤的端面进行清洁放电，进行粉尘处理，然后对光纤端面的预热配置进行预放大，最后，在主放电环境中，使光纤轴向移动，完成两根光纤的焊接，形成光纤。

2. 光纤熔接操作步骤

光纤熔接操作步骤如下。

（1）将切割好的光纤放入光纤熔接机内固定，光纤切割面和熔接点距离最好保持为 2 mm，如图 10－12 所示。

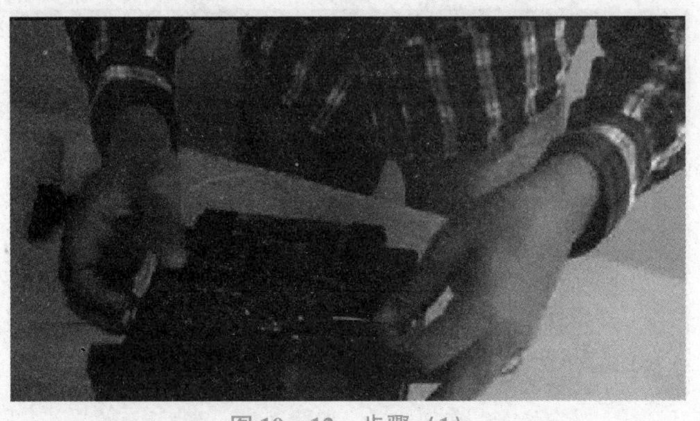

图 10－12　步骤（1）

快速光纤
熔接演示

（2）固定好两端切割好的纤芯，再仔细检查纤芯是否固定到位，距离是否合适，如图 10－13 所示。

（3）盖上盖板后，光纤熔接机会自动进行光纤纤芯对焦，如果对焦不成功会提示熔接失败，需要重新切割并固定光纤，如图 10－14 所示。

图 10－13　步骤（2）

图 10－14　步骤（3）

（4）对焦成功后按熔接键进行光纤熔接，熔接工作由光纤熔接机自动完成，如图 10－15 所示。

图 10－15　步骤（4）

（5）光纤熔接完成后移动热缩管至熔接点，将热缩管放入加热炉进行加热，需 1 min 时间，如图 10－16 所示。

（6）熔接好后的光纤在光纤盒里进行光纤盘纤，注意先固定热缩管，后进行盘纤，盘好后用扎带固定，如图 10－17 所示。

图 10－16 步骤（5）

图 10－17 步骤（6）

学习活动 4 光纤终端盒熔接

活动目标

（1）熟悉光端盒工作原理；
（2）熟练掌握光端盒离线；
（3）熟练掌握光端盒盘纤；
（4）熟练掌握光端盒光纤熔接。

实训地点

信息网络布线实训室。

活动课时

3 课时。

活动过程

光纤终端盒用于终接光缆，大多被用于垂直子系统和建筑群子系统。根据结构的不同，光纤终端盒可分为壁挂式和机架式。机架式光纤终端盒可以直接安装在标准机柜中，适用于较大规模的光纤网络。还有一种是固定配置的光纤终端盒，用户可根据光缆的数量和规格选择相对应的模块，以便于适配器被固定于光纤终端盒或信息插座，用于实现光纤连接器之间的连接，并保证光纤之间正确的对准角度。

光纤终端盒熔接操作步骤如下。

（1）首先将符合光纤终端盒接口要求的光纤尾纤插入光纤耦合器，注意拔掉光纤尾纤保护帽时不要触及任务物品，保证光纤尾纤头干净无灰尘，然后将单模室内光纤穿入光纤终端盒，如图 10－18 所示。

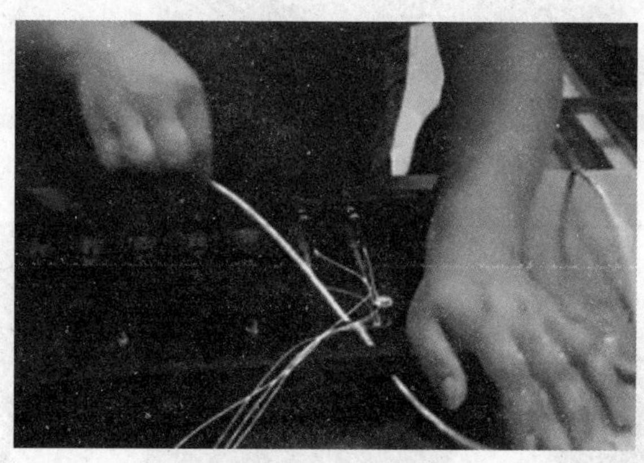

图 10－18　步骤（1）

（2）确定单模光纤在盘纤盒内的冗余长度，然后根据具体长度进行合理开缆，如图 10－19 所示。

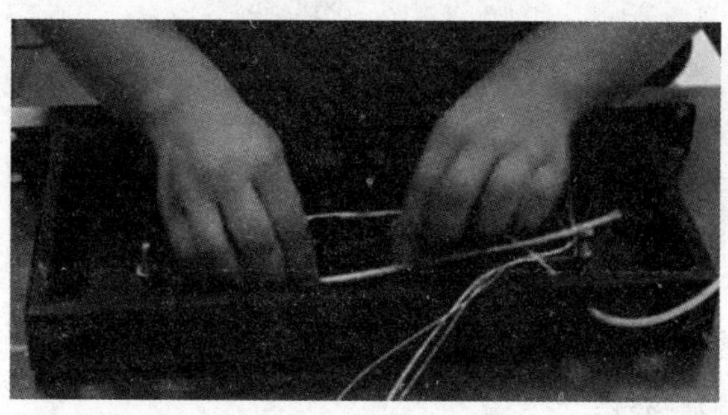

图 10－19　步骤（2）

（3）确定好长度后，在光纤终端盒的入口端用两根扎带打十字固定光纤，如图 10－20 所示。

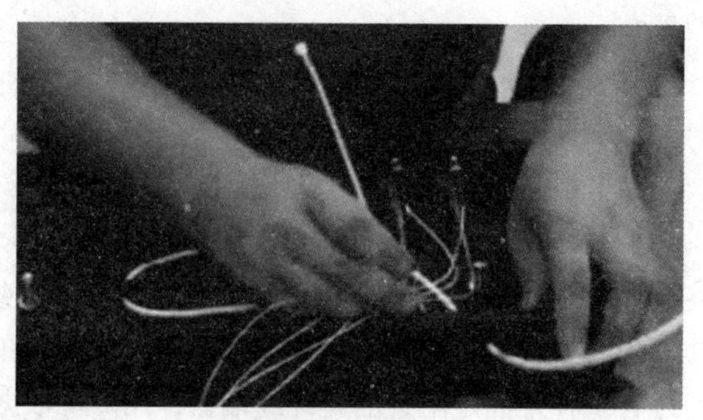

图 10－20　步骤（3）

光端盒理线

（4）使用开缆刀剥掉单模光纤外护套，剪掉多余的牵引线，预留部分牵引线，如图 10－21 所示。

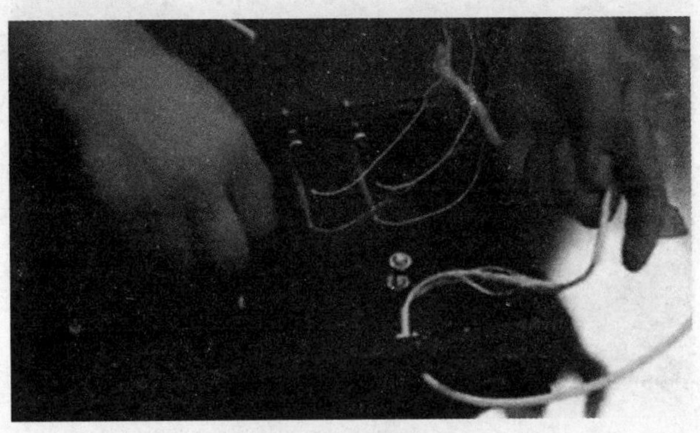

图 10－21　步骤（4）

（5）将预留的牵引线固定在光纤终端盒的固定柱上，再制作一小段外护套固定在盘纤盒的入口处，如图 10－22 所示。

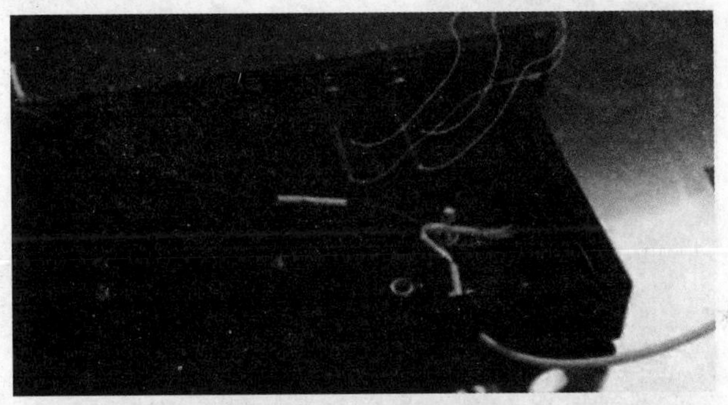

图 10－22　步骤（5）

（6）按照提供的光纤路由图，将光尾纤盒单模光纤使用光纤熔接机熔接，如图 10－23 所示。

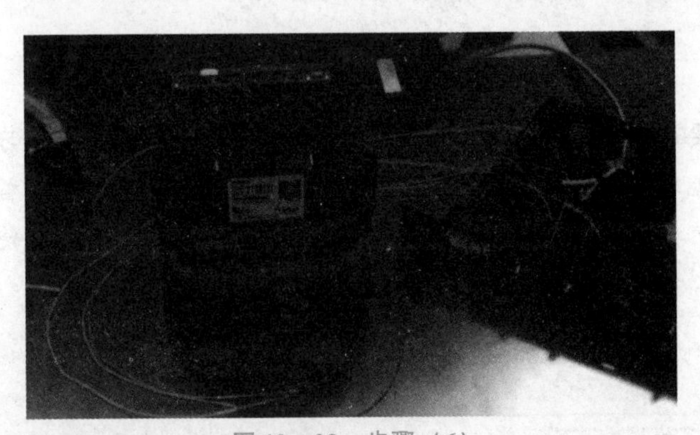

图 10－23　步骤（6）

（7）将熔接好的光纤的热缩管部分按次序放入盘纤盒的热缩管固定盘，然后进行光纤盘纤，盘纤尽量绕盘纤盒外径排列，以保证有足够的曲率半径，如图 10－24 所示。

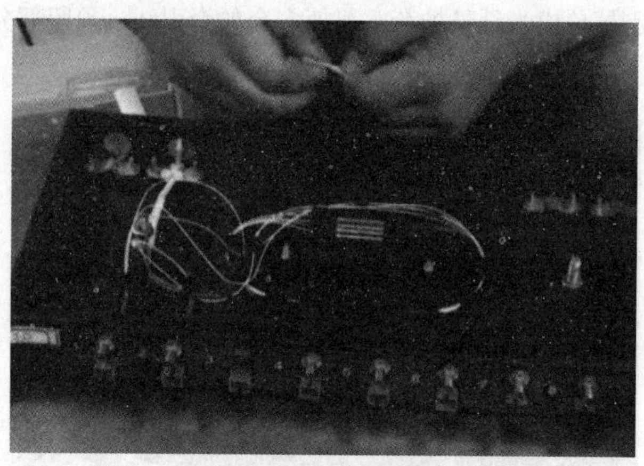

图 10－24　步骤（7）

（8）盘纤完成后盖上盘纤盒防尘盖，装上光纤终端盒的盖板，光纤终端盒熔接完成，如图 10－25 所示。

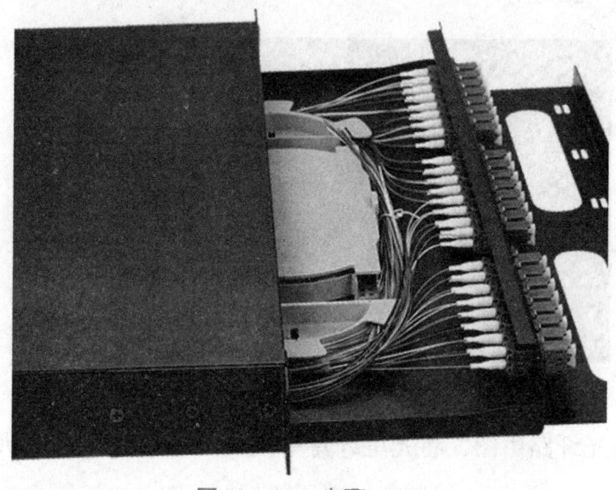

光端盒
熔接盘纤

图 10－25　步骤（8）

任务总结

本学习任务主要讲解信息网络布线中的光纤熔接技术，分为 4 个学习活动开展。信息网络布线系统离不开光纤，光纤熔接是信息网络布线中非常重要的技能。首先需要了解光纤类型，然后掌握光纤熔接的基本方法和技巧。通过本学习任务的学习，可使学生对光纤熔接有深入了解。

第三部分

信息网络布线工程案例

学习任务十一　学生宿舍楼信息网络布线工程案例

学习目标

(1) 掌握信息网络布线工程设计；
(2) 掌握信息网络布线工程材料统计预算；
(3) 熟练掌握信息网络布线工程实际操作；
(4) 掌握信息网络布线工程系统测试；
(5) 基本掌握信息网络布线工程的管理与验收。

建议课时

15 课时。

工作流程与活动

学习活动 1　系统需求分析；
学习活动 2　工程总体设计；
学习活动 3　材料统计和预算；
学习活动 4　现场施工与管理；
学习活动 5　工程测试与验收。

工作情景描述

本学习任务详细介绍了学生宿舍楼信息网络布线工程案例，该项目为学院学生宿舍楼 2# 楼综合布线改造工程。根据用户的需求，需要设计及安装综合布线系统。在综合布线系统上传输的信号种类为数据与语音。要求每个信息点在必要时能够进行语音、数据通信的互换使用。

学习活动 1　系统需求分析

活动目标

(1) 学会信息网络布线总体分析；

（2）掌握信息点数量统计方法；

（3）掌握信息点数量统计表的制作方法。

实训地点

信息网络布线实训室。

活动课时

3 课时。

活动过程

1. 项目概述

该项目为学院学生宿舍楼 2#楼综合布线改造工程，如图 11 - 1 所示。根据用户的需求，需要设计及安装综合布线系统。在综合布线系统上传输的信号种类为数据与语音。要求每个信息点在必要时能够进行语音、数据通信的互换使用。

图 11 - 1　学院学生宿舍楼 2#楼

2. 建筑物布局说明

学生宿舍楼 2#楼共 5 层，楼长为 60 m，楼宽为 20 m，楼层高为 3 m。共 120 个房间，配电间分布在宿舍两边，建筑物布局如图 11 - 2 所示。

3. 通信信息点的种类和数量

学生宿舍楼主要用于学生的生活和休息，本综合布线方案最终能为用户提供一个开放的、灵活的、先进的和可扩展的线路基础，可提供语音和数据通信。

（1）本方案布线结构采用树状拓扑结构，1 000 MB 光纤接入。

（2）每个寝室的计算机都可以通过综合布线系统与配线间的交换机相连，从而实现 100 MB 带宽高速上网。根据实际情况考虑，该楼层共设置 550 个信息点，分为 430 个数据信息点和 120 个语音信息点，见表 11 - 1。

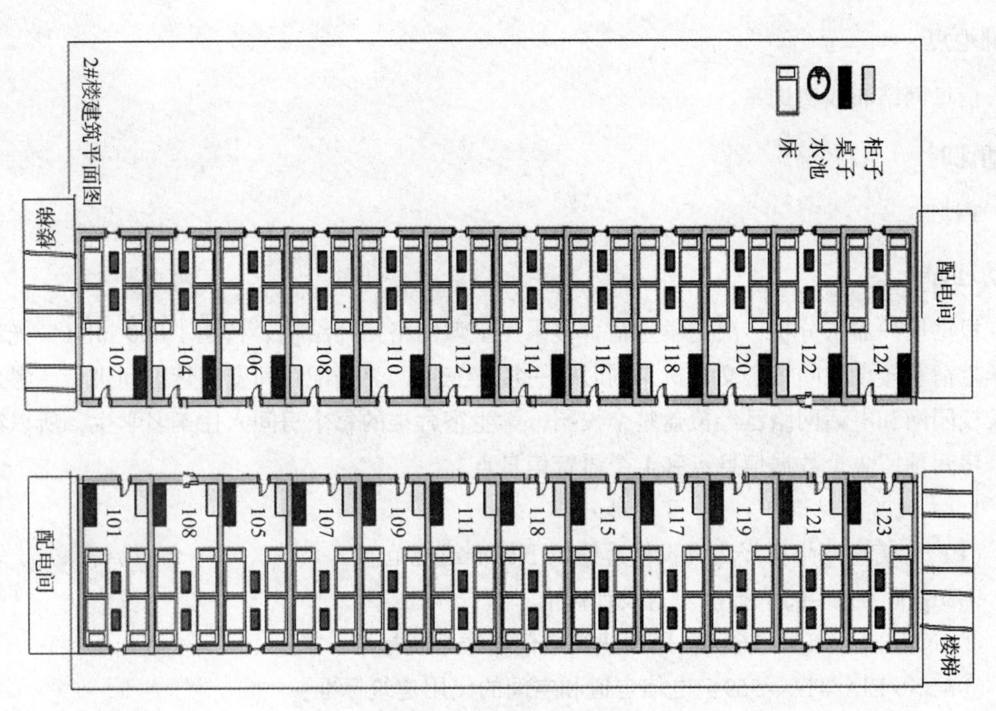

图 11－2　建筑物布局

表 11－1　信息点分布

楼层	配线间位置	数据信息点	语音信息点	合计
一	FD_1	86	24	110
二		86	24	110
三	FD_2	86	24	110
四		86	24	110
五	FD_3	86	24	110
小计		430	120	

注：FD_*x* 为管理间配线机柜，分布在一楼、三楼、五楼，其中 FD_1 和设备间子系统 BD 共用同一机柜。

学习活动 2　工程总体设计

活动目标

（1）熟悉信息网络布线国家标准；

（2）掌握信息点统计表和信息点端口对应表的制作；

（3）掌握系统设计图和系统施工图的绘制。

实训地点

信息网络布线实训室。

活动课时

3 课时。

活动过程

根据用户需求分析，决定学生宿舍楼采用星型网络拓扑结构。校园 1 000 Mbit/s 光纤接入学生宿舍楼设备间核心交换机，同时在一楼、三楼、五楼配线间安装管理间机柜，考虑到学校校园网和电话网络已经覆盖整个校园，学生宿舍楼的每个房间入住 4 名学生，所以决定每个房间预留 4 个数据信息点和 1 个语音信息点。

1. 工程设计依据

（1）本信息网络布线工程设计遵循以下标准或规范。

①DBJ08 - 59 - 95：智能建筑设计标准；

②ANSI/EIA/TIA - 568A：民用建筑电信布线系统标准；

③ANSI/EIA/TIA - 569：电信走道和空间的民用建筑标准；

④ANSI/EIA/TIA - 606：民用建筑电信设施的管理标准；

⑤ANSI/EIA/TIA - 607：民用建筑电信设施接地标准；

⑥TSB - 67：UTP 布线现场测试标准；

⑦ISO/IEC 11801：电信布线系统标准；

⑧GB/T 50312—2000：建筑与建筑群综合布线系统工程设计规范；

⑨JGJ/T 16 - 92：中国民用建筑电气设计规范。

（2）本信息网络布线工程设计参照的网络标准如下。

①IEEE802. 3：Ethernet（10BASE - T）；

②IEEE802. 3u：Fast Ethernet（100BASE - T）；

③IEEE802. 5：Token Ring（4M/16M）；

④ANSI FDDI/TPDDI：光纤分布式数据接口网络标准。

（3）本信息网络布线工程设计依据的资料如下。

①《宿舍建筑平面示意图》；

②《学校网络拓扑结构图》。

2. 工程设计目标

1）标准化

本设计综合了学生宿舍楼所需的所有语音、数据等设备的信息传输，并将多种设备终端插头插入标准的信息插座或配线架。

2）兼容性

本设计对不同厂家的语音、数据设备均可兼容，且使用相同的线缆与配线架、相同的插头和模块插孔。因此，无论布线系统多么复杂、庞大，不再需要与不同厂商进行协调，也不再需要为不同的设备准备不同的配线零件，以及复杂的线路标志与管理线路图。

3）模块化

综合布线采用模块化设计，布线系统中除固定于建筑物内的水平线缆外，其余所有的接插件都是积木标准件，易于扩充及重新配置，因此当用户因发展需要而增加配线时，不会因此影响整体布线系统，可以保证用户先前在布线方面的投资。信息网络布线系统为所有语音、数据设备提供了一套实用的、灵活的、可扩展的模块化的介质通路。

4）先进性

本设计采用目前国内最先进的超五类器件构筑楼内的高速数据通信通道，能将当前和未来相当一段时间的语音、数据、网络、互连设备以及监控设备很方便地扩展进去，其带宽高达 100 Mbit/s 以上，是真正面向未来的超五类系统。

3. 工程图表设计

工程设计图表主要包括学生宿舍楼 2#楼综合布线信息点统计表（表 11－2）、整体系统设计图（图 11－3）、学生宿舍楼 2#楼一楼综合布线系统平面施工图（图 11－4）、综合布线信息点端口对应图（数据、语音）（图 11－5）、综合布线数据信息点端口对应表（表 11－3）、网络布线语音信息点端口对应表。

表 11－2　学生宿舍楼 2#楼综合布线信息点统计表

房间号		X01		X02		X03		X04		X05		X06		X07		X08		X09		X10		X11		X12	
楼层号		TO	TP	TO	TP	TO	TP	TO	TP	TO	TP	TO	TP	TO	TP	TO	TP	TO	TP	TO	TP	TO	TP	TO	TP
五层	TO	4		4		4		4		4		4		4		4		4		4		4		4	
	TP		1		1		1		1		1		1		1		1		1		1		1		1
四层	TO	4		4		4		4		4		4		4		4		4		4		4		4	
	TP		1		1		1		1		1		1		1		1		1		1		1		1
三层	TO	4		4		4		4		4		4		4		4		4		4		4		4	
	TP		1		1		1		1		1		1		1		1		1		1		1		1
二层	TO	4		4		4		4		4		4		4		4		4		4		4		4	
	TP		1		1		1		1		1		1		1		1		1		1		1		1
一层	TO	4		4		4		4		4		4		4		4		4		4		4		4	
	TP		1		1		1		1		1		1		1		1		1		1		1		1
合计	TO	20		20		20		20		20		20		20		20		20		20		20		20	
	TP		5		5		5		5		5		5		5		5		5		5		5		5
总计		25		25		25		25		25		25		25		25		25		25		25		25	

注：TO 为数据信息点，TP 为语音信息点。

填写：　　　　　　　　　　审核　　　　　　　　　　审定：

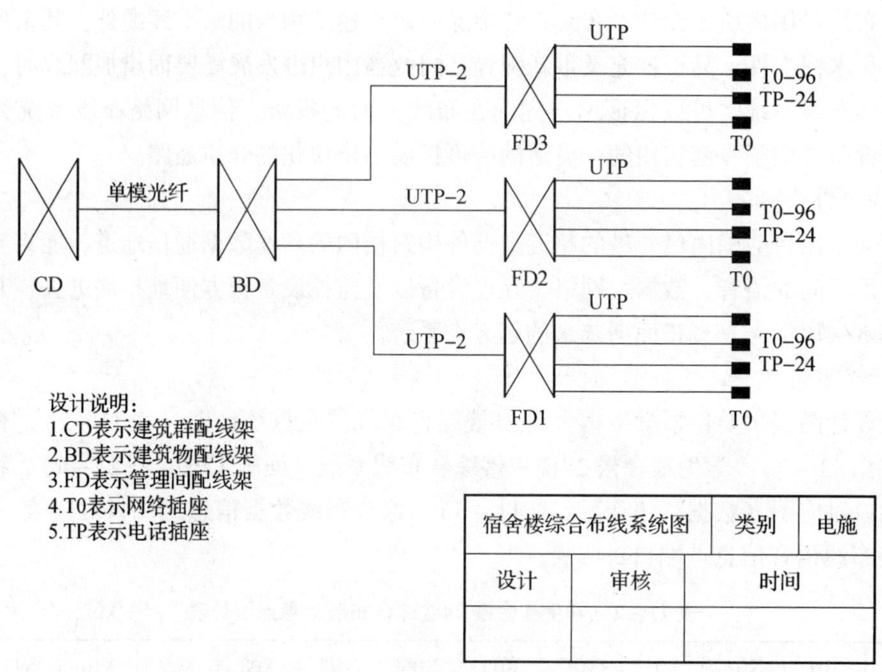

图 11－3　整体系统设计图

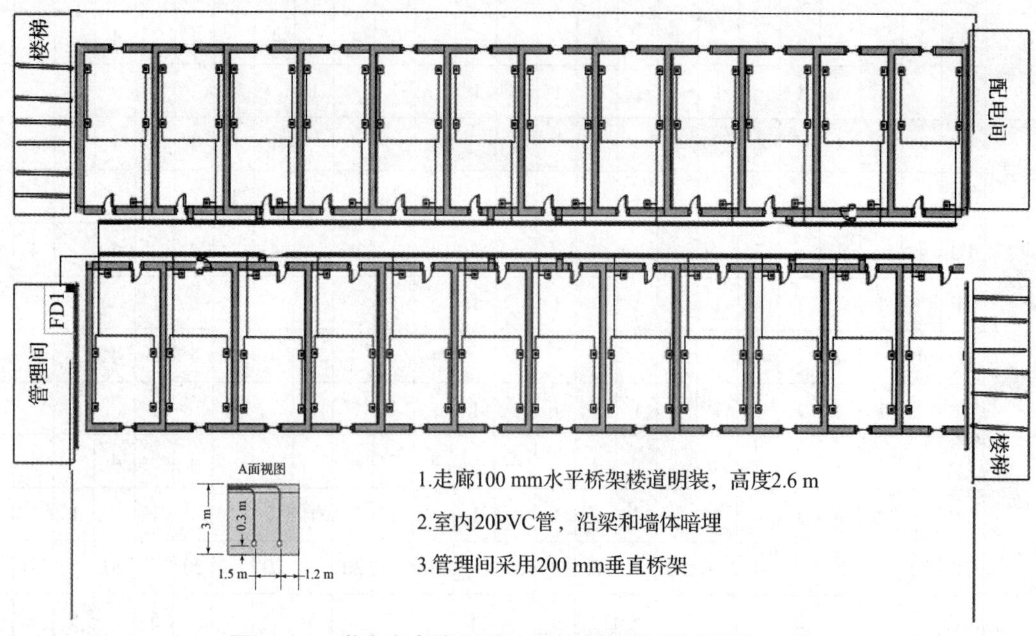

图 11－4　学生宿舍楼 2#楼一楼综合布线系统平面施工图

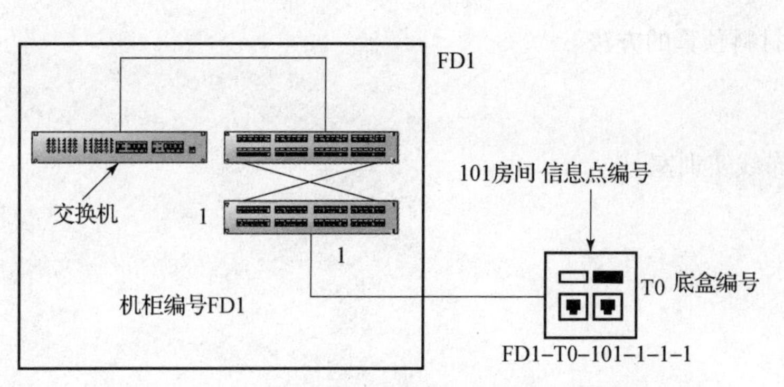

图 11－5　综合布线信息点端口对应图（数据、语音）

表 11－3　综合布线数据信息点端口对应表（部分）

一楼							
序号	信息点编号	机柜号	配线架编号	配线架端口编号	插座底盒编号	房间编号	楼层编号
1	FD1－T0－101－1－1－1	FD1	1	1	T0	101	1
2	FD1－T0－101－1－1－2	FD1	1	2	T0	101	1
3	FD1－T0－101－1－1－3	FD1	1	3	T0	101	1
4	FD1－T0－101－1－1－4	FD1	1	4	T0	101	1
5	FD1－T0－102－1－1－5	FD1	1	5	T0	102	1
6	FD1－T0－102－1－1－6	FD1	1	6	T0	102	1
7	FD1－T0－102－1－1－7	FD1	1	7	T0	102	1
8	FD1－T0－102－1－1－8	FD1	1	8	T0	102	1
9	FD1－T0－103－1－1－9	FD1	1	9	T0	103	1
10	FD1－T0－103－1－1－10	FD1	1	10	T0	103	1
11	FD1－T0－103－1－1－11	FD1	1	11	T0	103	1
12	FD1－T0－103－1－1－12	FD1	1	12	T0	103	1
13	FD1－T0－104－1－1－13	FD1	1	13	T0	104	1
14	FD1－T0－104－1－1－14	FD1	1	14	T0	104	1
15	FD1－T0－104－1－1－15	FD1	1	15	T0	104	1

学习活动 3　材料统计和预算

活动目标

（1）熟悉信息网络布线材料规格；

（2）掌握材料统计方法；

（3）掌握材料预算的方法。

实训地点

信息网络布线实训室。

活动课时

3课时。

活动过程

1. 信息网络布线产品选型原则及产品选型

1）产品选型的原则

（1）满足功能需求。产品选型应根据智能建筑的主体性质、所处地位、使用功能等特点，从用户信息需求、今后的发展及变化等情况出发，选用合适等级的产品，例如三类、五类、六类系统产品或光纤系统的配置，包括各种线缆和连接硬件。

（2）满足环境需求。产品选型应考虑智能建筑和智能化小区的环境、气候条件和客观影响等特点，从工程实际和用户信息需求出发，选用合适的产品。如目前和今后有无电磁干扰源存在，是否有向智能小区发展的可能性等，这与是否选用屏蔽系统产品、光纤产品、设备及网络结构的总体设计方案都有关系。

（3）选用同一品牌的产品。由于在原材料、生产工艺、检测标准等方面的不同，不同厂商的产品会在阻抗特性等电气指标方面存在较大差异，如果线缆和接插件选用不同厂商的产品，则链路阻抗不匹配会产生较大的回波损耗，这对高速网络是非常不利的。

（4）符合相关标准。选用的产品应符合我国国情和有关技术标准，包括国际标准、国家标准和行业标准。所用的国内外产品均应以国际标准、国家标准或行业标准为依据进行检测和鉴定，未经鉴定合格的设备和器材不得在工程中使用。

2）产品选型

本设计方案中的信息网络布线系统选择丽特网络科技公司（IBDN NORDX/CDT）的超五类综合布线产品，其产品性能接近非屏蔽铜缆布线的极限。

丽特网络科技公司的信息网络布线系统具有以下特点。

丽特网络科技公司的系统是一套结构化布线系统，它采用模块化设计，基于标准的星形拓扑结构，最易于配线系统扩展及重组。该系统符合并超越了EIA/TIA 568A及ISO11801标准的要求。

（1）符合CAT5E类国际标准，是真正意义上的超五类网络布线系统。

丽特网络科技公司是信息网络布线系统标准的倡导者，一直在标准的制定过程中起积极的领导作用。丽特网络科技公司参加了ISO/IEC联合技术委员会，并是该国际标准编写组的成员。

（2）施工及维护方便。

丽特网络科技公司的信息插座（模块免打线）、配线架（搭配容易）都是经过专门的设计以方便安装，另外丽特网络科技公司的BIX交叉连接系统为25对大对数端接器，安装时省去了端接模块的安装，减少了信道传输衰减及信道间的相互干扰，端接简单、标识清晰、外型美观。

（3）应用范围广。

丽特网络科技公司的信息网络布线产品不仅可用于语音、数据、图像信号传输，也可用于视频、音响、楼宇自控信号传输，而且在这种应用中不使用适配器（如 AT&T 等公司的产品在用于视频等信号的传输时要用到适配器）。

（4）开放性及兼容性好。

丽特网络科技公司的信息网络布线系统具有开放式的系统结构，兼容许多厂商的语音、数据通信及设备连接。

因此，本设计方案选用丽特网络科技公司的信息网络布线系统。

2. 常用预算公式

1）网络线缆用量预算

网络线缆用量计算方式如下。

$$A(\text{平均长度}) = (\text{最短长度} + \text{最长长度}) \times 0.55 + D$$

式中，D 是端接余量，常用数据是 6～15 m，根据工程实际取定。

$$\text{水平电缆的箱数} = \text{信息点数} \times A(\text{平均长度})/305 + 1$$

2）槽、管大小的选择

采用以下简易方式。

$$\text{槽(管)截面积} = (n \times \text{线缆截面积})/[70\% \times (40\% \sim 50\%)]$$

式中，n 表示用户所要安装的线缆条数（已知数）；槽（管）截面积表示要选择的槽（管）截面积；线缆截面积表示选用的线缆面积；70% 表示布线标准规定允许的空间；40%～50% 表示线缆之间浪费的空间。

编制信息网络布线系统材料统计清单，见表 11－4。

表 11－4　信息网络布线系统材料统计清单

序号	名称与规格	品牌	设备类型	单位	数量
1	机柜	丽特	610 mm×610 mm×1 600 mm	个	3
2	UTP 配线架	丽特	24 口配线架	个	30
3	110 型跳线架	丽特	110 型跳线架	个	8
4	通信电缆	丽特	数据线	箱	117
5	塑扎带	一般	5×200 m	盒	100
6	语音模块	丽特	RT11	个	120
7	信息模块	丽特	RJ45	个	560
8	底座面板	丽特	单口语音	对	120

续表

序号	名称与规格	品牌	设备类型	单位	数量
9	底座面板	丽特	单口数据	对	560
10	PVC 线槽	联塑	40 mm×25 mm	m	300
11	PVC 线管	联塑	DN20 mm	m	300
12	槽式桥架	一般	200 mm	m	400
13	交换机	锐捷	24 口（光口）	台	1
14	交换机	锐捷	24 口	台	35

学习活动 4 现场施工与管理

活动目标

（1）掌握各个子系统的设计；
（2）掌握信息网络布线系统施工；
（3）学会编制工程进度表。

实训地点

信息网络布线实训室。

活动课时

3 课时。

活动过程

1. 工作区子系统的设计与施工

学生宿舍一般为四人间，下面是书桌，上面是床铺，每个宿舍预留 4 个信息插座，每个书桌下的墙面一个。校园网中大多数信息点的接入速率要求达到 100 Mbit/s，考虑随着校园网的应用不断增加，对计算机网络性能的要求会越来越高，因此建议校园网内所有信息插座均选用 IBDN Giga Flex PS5E 超五类模块。IBDN 超五类模块可以满足未来 155 Mbit/s 网络接入的要求，如图 11－6 所示。

为了方便用户接入网络，信息插座安装的位置结合房间的布局及计算机安装位置而定，原则上与强电插座相距一定的距离，安装位置距地面 30 cm 以上高度，信息插座与计算机之间的距离不应超过 5 m，如图 11－7 所示。

2. 水平子系统的设计与施工

信息网络布线系统的水平子系统可以采用屏蔽双绞线、非屏蔽双绞线、光缆，但光缆价格过高不予考虑。对于屏蔽双绞线，考虑到它存在以下问题。

图 11－6　学生宿舍布局

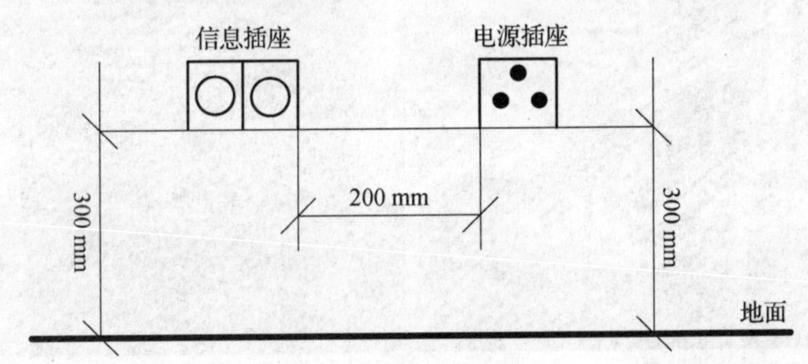

图 11－7　信息插座布局

本身特性决定对低频噪声（如交流 50 Hz）难以抑制，在一般情况下与非屏蔽双绞线的效果相当，没有特殊作用。屏蔽双绞线的连接要求制作工艺精良，否则不但起不了屏蔽的作用，反而会引起干扰。

因此经过全面的考虑，学生宿舍楼的信息网络布线系统的水平子系统全部采用非屏蔽双绞线。如果随着环境的变化，校园建筑中确定存在电磁干扰很强的环境，也可以直接考虑使用光缆，而不必采用安装施工较为复杂的屏蔽双绞线。考虑以后的校园网的应用，建议整个校园网的楼内水平布线全部采用 IBDN 1200 系列超五类非屏蔽双绞线，以便满足以后网络的升级需要。

考虑到学生宿舍楼实施布线的建筑物都没有预埋管线，所以建筑物内的水平子系统全部采用桥架布线方案，如图 11－8 所示。

3. 设备间子系统的设计与施工

由于学生宿舍楼的信息点特别密集，楼道的配线间必需放置多个交换机、配线架、理线架等设备。考虑设备的密集程度，学生宿舍楼的设备必须采用 20U 以上的落地机柜。由于该设备间与配电房共用，因此布设网线时，注意与强电线路保持 30 cm 的距离，如图 11－9 所示。

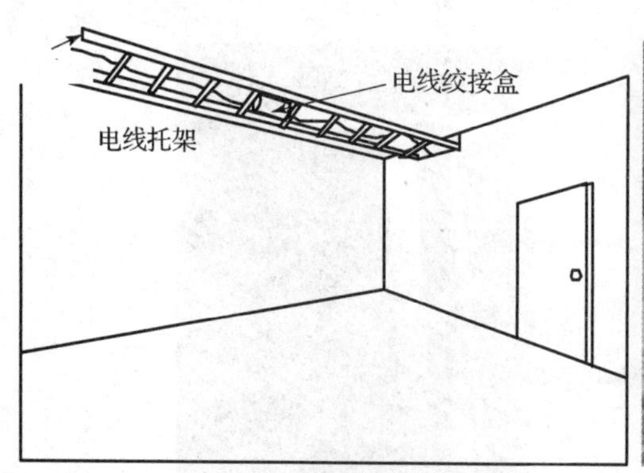

图 11-8　桥架布线方式

图 11-9　网络布线

4. 管理间子系统的设计与施工

为了配合水平子系统选用的超五类非屏蔽双绞线，每个设备间内都应配备 IBDN PS5E 超五类 24 口/1U 模块化数据配线架，配线架的数量要根据楼层信息点的数量而定。为了方便设备间内的线缆管理，设备间内安装相应规格的机柜，机柜内的两个配线架之间还安装 IBDN 理线架，以进行线缆的整理和固定，如图 11-10 所示。

图 11-10　配线架布设

5. 垂直子系统的设计与施工

信息网络布线系统的垂直子系统一般采用大对数双绞线或光缆，将各楼层的配线架与设备间的主配线架连接起来。由于大多数建筑物都在6层以下，考虑到工程造价，决定采用4对UTP双绞线作为主干线缆。对于楼层较长的学生宿舍楼，将采用双主干设计方案，两个主干通道分别连接两个设备间。

对于新建的学生宿舍楼及教学大楼都预留了电缆井，可以直接在电缆井中铺设大对数双绞线，为了支撑垂直主干电缆，在电缆井中固定了三角钢架，可将电缆绑扎在三角钢架上。对于旧的学生宿舍楼、办公大楼、实验大楼、图书馆，要开凿直径为20 cm的电缆井并安装PVC线管，然后再布设垂直主干电缆。

6. 信息网络布线系统工程施工进度表

在信息网络布线施工过程中，需要提前编写好施工进度表，对施工过程进行有效跟踪，施工进度表见表11－5。

表11－5　施工进度表

	2012年12月30日															
	1	3	5	7	9	11	13	15	17	19	21	23	25	27	29	30
一、合同签订																
二、图纸会审																
三、设备订购与检验																
四、主干线槽管架设及光纤接入																
五、水平线槽管架设及线缆敷设																
六、信息插座安装																
七、机柜安装																
八、光缆端接及配线架安装																
九、内部测试调整																
十、组织验收																

学习活动5　工程测试与验收

活动目标

（1）掌握信息网络布线测试技术；

（2）掌握Fluke认证测试仪的使用方法；

（3）掌握认证测试报告的读取方法；

（4）掌握验收文件的编写方法。

实训地点

信息网络布线实训室。

活动课时

3 课时。

活动过程

1. 信息网络布线测试技术

信息网路布线系统测试从工程的角度分为电缆传输链路验证测试和电缆传输通道认证测试两种。验证测试是在施工过程中由施工人员边施工边测试，以保证所完成的每一个部件连接的正确性，此项测试只注重综合布线的连接性能；认证测试是指对信息网络布线系统按一定的标准进行逐项检测，以确认综合布线是否能达到设计要求。

验证测试只注重综合布线的连接性能，主要是确认现场施工人员穿线缆以及连接相关硬件的安装工艺，常见的故障有连接短路、连接开路、双绞线接线图错误等。认证测试既注重连接性能测试，又注重电气性能测试。认证测试实际上是对整个信息网络布线工程的检验。通过认证测试确认所安装的线缆及相关连接硬件与安装工艺是否达到设计要求和有关标准要求，因此必须使用能满足特定要求的仪器并按照相应的测试方法进行，才能保证测试结果有效。

2. 测试仪器的选择

信息网络布线测试分为验证测试和认证测试两类。

对于验证测试，所需的仪器有线缆测试仪（网线测试能手）、红光笔、光功率计、寻线仪等工具仪器，主要对线路进行通断测试。

认证测试主要使用国际通用的认证测试仪对施工质量进行评估，目前使用比较多的是 Fluke DTX1800，配合 OTDR 光时域反射仪进行线缆的评估，Fluke 认证测试仪如图 11 - 11 所示。

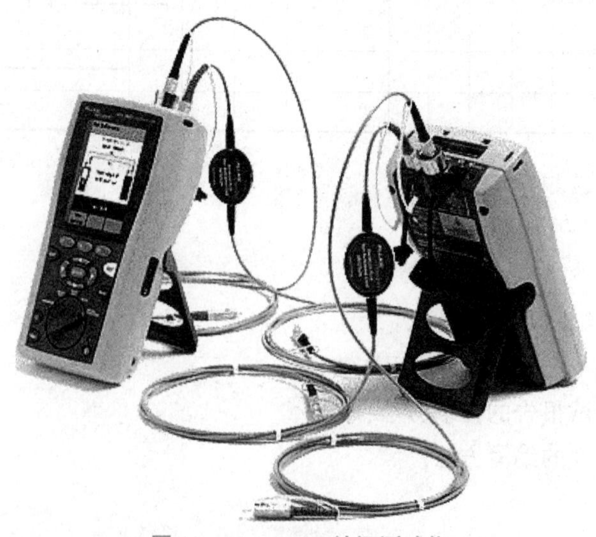

图 11 - 11　Fluke 认证测试仪

3. 认证测试模式

1）基本链路模型测试

基本链路模型测试主要是将认证测试主机跳线插入信息插座，将认证测试仪副机连接在配线间对应编号端口。基本链路模型测试路由如图 11－12 所示。

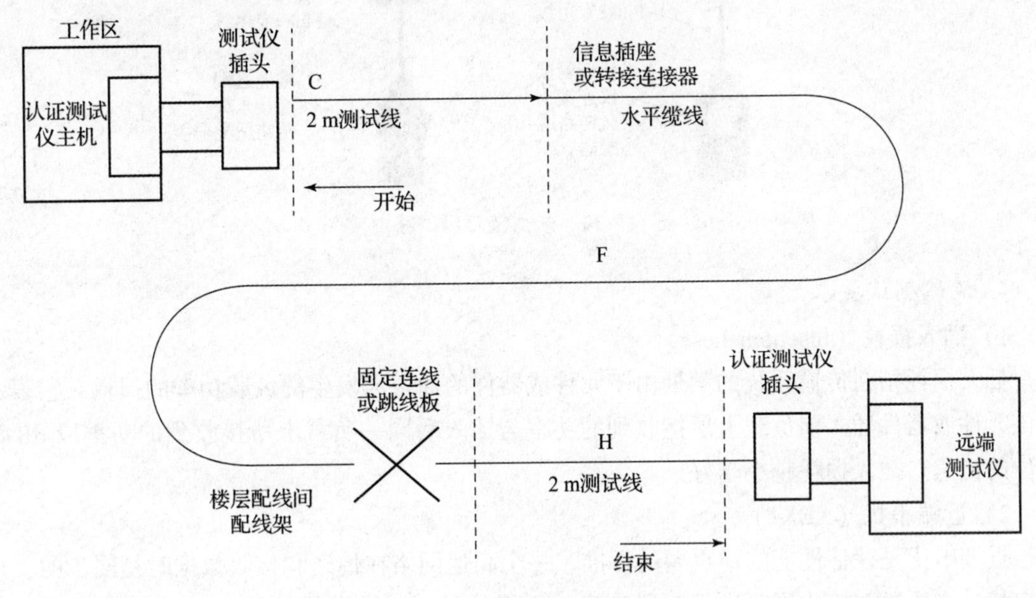

图 11－12　基本链路模型测试路由

2）信道测试

信道测试是测试配线架之间的链路质量，认证测试仪主机在配线架指定端口，认证测试仪副机在链路末端的配线架端口上。信息测试路由如图 11－13 所示。

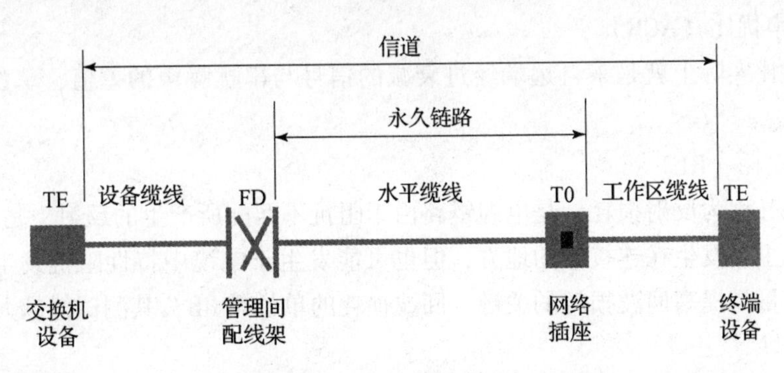

图 11－13　信道测试路由

3）永久链路测试

永久链路测试是测试整条链路的质量，认证测试仪主机在信息插座端，认证测试仪副机在链路末端的配线架端口上。永久链路测试路由如图 11－14 所示。

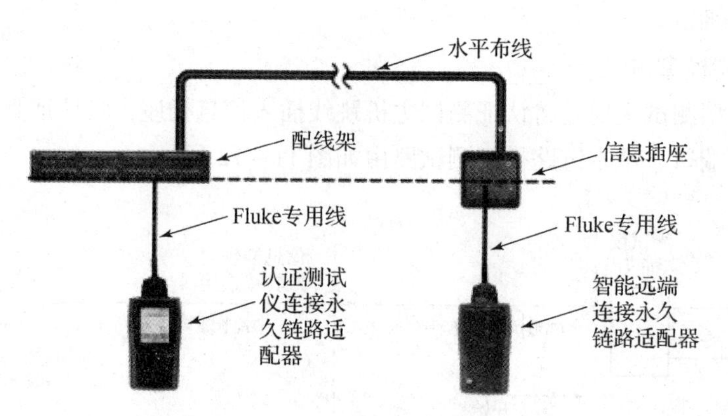

图 11－14　永久链路测试路由

4. 认证测试要求

1）插入损耗（Insertion Lose）

插入损耗指在传输系统的某处由于元件或器件的插入而发生的负载功率的损耗，它表示为该元件或器件插入前负载上所接收到的功率与插入后同一负载上所接收到的功率以 dB 为单位的比值。插入损耗越小越好。

2）近端串扰（NEXT）

近端串扰是评估性能的最重要的标准。一个高速网络在传送和接收数据时是同步的，近端串扰是当传送与接收同时进行时所产生的干扰信号。近端串扰的单位是 dB，它表示传送信号与串扰信号的比值。近端串扰的测试值越大越好。

3）近端串音衰减功率和（PSNEXT）

近端串音衰减功率和是在每对线受到的单独来自其他 3 对线的近端串扰影响的基础上通过公式计算出来的，单位是 dB。其测试值越大越好。

4）衰减串扰比（ACR）

衰减串扰比实际上就是来自远端经过衰减的信号与串扰噪声的差值，单位是 dB。其测试值越大越好。

5）回波损耗（RL）

回波损耗又称为反射损耗，是电缆链路由于阻抗不匹配所产生的反射，是一对线自身的反射。不匹配主要发生在连接器的地方，但也可能发生于电缆中特性阻抗发生变化的地方，所以施工的质量是提高回波损耗的关键。回波损耗的单位是 dB，其测试值越大越好。

5. 认证测试报告

Fluke 认证测试仪测试的数据可以通过 LinkWare 软件导出，打印形成认证测试报告以供参考使用，如图 11－15 所示。

6. 验收文件的编写

信息网络布线施工整体任务完成后，需要编写验收文件，其中对整体施工过程中的具体任务进行详细记录，包括施工过程中的相关验收参数、施工图、Fluke 认证测试文件、耗材使用情况、设施设备移交情况等，并由甲、乙双方签字盖章。

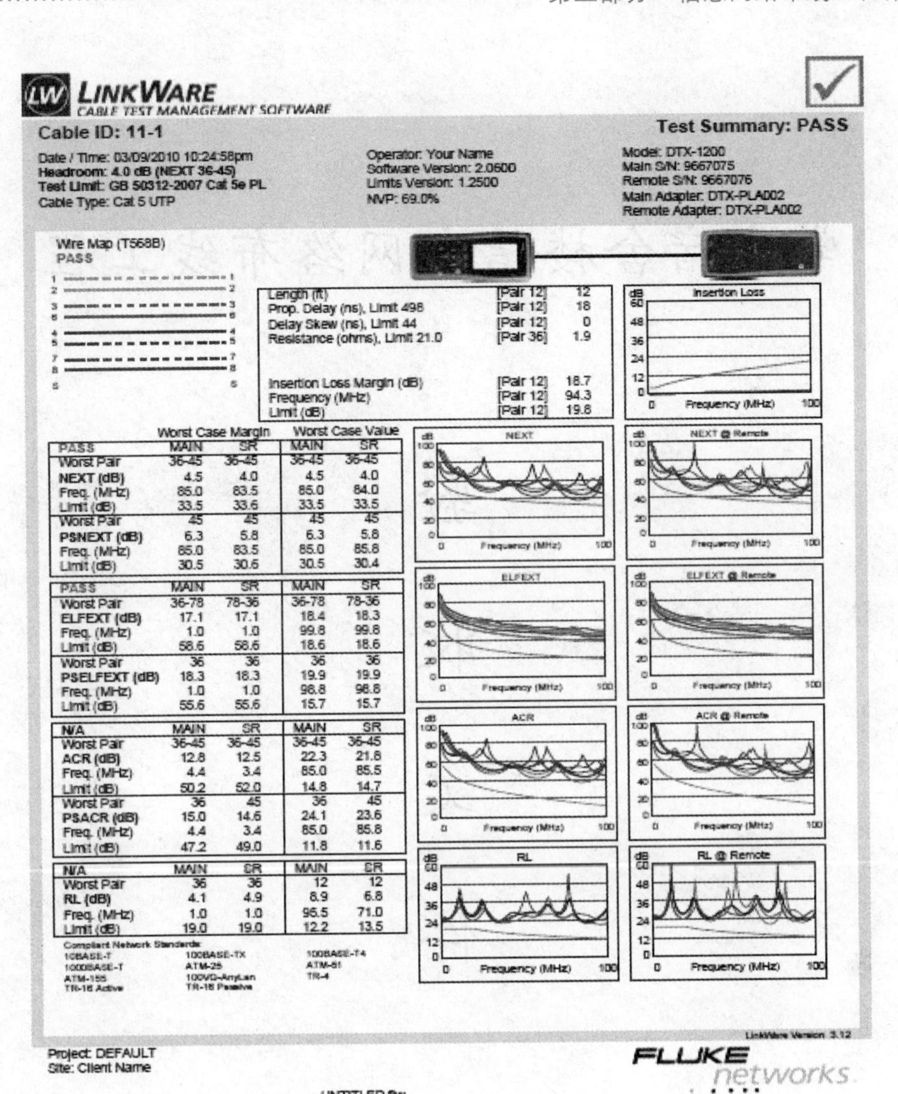

LINKWARE CABLE TEST MANAGEMENT SOFTWARE

Cable ID: 11-1　　　　**Test Summary: PASS**

Date / Time: 03/09/2010 10:24:58pm
Headroom: 4.0 dB (NEXT 36-45)
Test Limit: GB 50312-2007 Cat 5e PL
Cable Type: Cat 5 UTP

Operator: Your Name
Software Version: 2.0600
Limits Version: 1.2500
NVP: 69.0%

Model: DTX-1200
Main S/N: 9667075
Remote S/N: 9667076
Main Adapter: DTX-PLA002
Remote Adapter: DTX-PLA002

Wire Map (T568B)
PASS

Length (ft)	[Pair 12]	12
Prop. Delay (ns), Limit 498	[Pair 12]	18
Delay Skew (ns), Limit 44	[Pair 12]	0
Resistance (ohms), Limit 21.0	[Pair 36]	1.9
Insertion Loss Margin (dB)	[Pair 12]	18.7
Frequency (MHz)	[Pair 12]	94.3
Limit (dB)	[Pair 12]	19.8

	Worst Case Margin		Worst Case Value	
PASS	MAIN	SR	MAIN	SR
Worst Pair	36-45	36-45	36-45	36-45
NEXT (dB)	4.5	4.0	4.5	4.0
Freq. (MHz)	85.0	83.5	85.0	84.0
Limit (dB)	33.5	33.6	33.5	33.5
Worst Pair	45	45	45	45
PSNEXT (dB)	6.3	5.8	6.3	5.8
Freq. (MHz)	85.0	83.5	85.0	85.8
Limit (dB)	30.5	30.6	30.5	30.4

PASS	MAIN	SR	MAIN	SR
Worst Pair	36-78	78-36	36-78	78-36
ELFEXT (dB)	17.1	17.1	18.4	18.3
Freq. (MHz)	1.0	1.0	99.8	99.8
Limit (dB)	58.6	58.6	18.6	18.6
Worst Pair	36	36	36	36
PSELFEXT (dB)	18.3	18.3	19.9	19.9
Freq. (MHz)	1.0	1.0	98.8	98.8
Limit (dB)	55.6	55.6	15.7	15.7

N/A	MAIN	SR	MAIN	SR
Worst Pair	36-45	36-45	36-45	36-45
ACR (dB)	12.8	12.5	22.3	21.8
Freq. (MHz)	4.4	3.4	85.0	85.5
Limit (dB)	50.2	52.0	14.8	14.7
Worst Pair	36	45	36	45
PSACR (dB)	15.0	14.6	24.1	23.6
Freq. (MHz)	4.4	3.4	85.0	85.8
Limit (dB)	47.2	49.0	11.8	11.6

N/A	MAIN	SR	MAIN	SR
Worst Pair	36	36	12	12
RL (dB)	4.1	4.9	8.9	6.8
Freq. (MHz)	1.0	1.0	95.5	71.0
Limit (dB)	19.0	19.0	12.2	13.5

Compliant Network Standards:

10BASE-T	100BASE-TX	100BASE-T4
1000BASE-T	ATM-25	ATM-51
ATM-155	100VG-AnyLan	TR-4
TR-16 Active	TR-16 Passive	

LinkWare Version 5.12

Project: DEFAULT
Site: Client Name

FLUKE networks

UNTITLED.flw

图 11－15　认证测试报告

学生宿舍楼信息网络布线工程

验收文件

建设单位：×××××
施工单位：×××公司
地　　址：×××
联 系 人：××
联系电话：×××
传　　真：×××

学生宿舍楼信息网络布线工程验收单

<table>
<tr><td colspan="2">单位（子单位）工程名称</td><td colspan="4">×××</td></tr>
<tr><td colspan="2">分布（子分部）工程名称</td><td colspan="4">综合布线工程</td></tr>
<tr><td colspan="2">施工单位</td><td colspan="2"></td><td>项目经理</td><td></td></tr>
<tr><td colspan="2">分包单位</td><td colspan="2"></td><td>分包项目经理</td><td></td></tr>
<tr><td colspan="2">结构类型</td><td>框架楼</td><td>层数</td><td colspan="2">5</td></tr>
<tr><td>序号</td><td>子分部工程名称</td><td>分项数</td><td>施工单位检查评价</td><td>合格</td><td>不合格</td></tr>
<tr><td>1</td><td>网络线缆铺设</td><td>1</td><td>符合设计及施工质量验收规范要求</td><td>□</td><td>□</td></tr>
<tr><td>2</td><td>面板模块打结</td><td>1</td><td>符合设计及施工质量验收规范要求</td><td>□</td><td>□</td></tr>
<tr><td>3</td><td>垂直桥架安装</td><td>1</td><td>符合设计及施工质量验收规范要求</td><td>□</td><td>□</td></tr>
<tr><td>4</td><td>静电地板安装</td><td>1</td><td>符合设计及施工质量验收规范要求</td><td>□</td><td>□</td></tr>
<tr><td>5</td><td>配线架模块打结</td><td>1</td><td>符合设计及施工质量验收规范要求</td><td>□</td><td>□</td></tr>
<tr><td>6</td><td>面板配线架标示</td><td>1</td><td>符合设计及施工质量验收规范要求</td><td>□</td><td>□</td></tr>
<tr><td colspan="2" rowspan="2">观感质量验收</td><td>优秀</td><td>良好</td><td>一般</td><td>差</td></tr>
<tr><td></td><td></td><td></td><td></td></tr>
<tr><td>施工单位意见</td><td colspan="5">我公司已完成该工程综合布线，经我公司初步验收，工程合格，符合设计要求，提请验收。

XXXXXX
项目负责人：
年　月　日</td></tr>
<tr><td>验收单位意见</td><td colspan="5">验收单位（盖章）：
负责人（签字）：
年　月　日</td></tr>
</table>

学生宿舍楼信息网络布线工程材料移交清单

序号	名称	品牌	单位	数量	型号	备注
1	机柜	丽特	m^2	3	610 mm×610 mm×1 600 mm	
2	配线架	丽特	条	30	24 口	
3	理线器	丽特	条	30	1U	
4	面板	丽特	块	680	86 mm×86 mm	
5	模块	丽特	个	680	RJ45	
6	桥架	普通	m	400		
7	线缆	丽特	箱	117		
8	PVC 线管		m	400		
9	底盒		个			
10	PVC 线槽		m	500		

<table>
<tr><td rowspan="2">观感质量验收</td><td>优秀</td><td>良好</td><td>一般</td><td>差</td></tr>
<tr><td>□</td><td>□</td><td>□</td><td>□</td></tr>
<tr><td rowspan="2">与工程材料样品</td><td colspan="2">相符</td><td colspan="2">不相符</td></tr>
<tr><td colspan="2">□</td><td colspan="2">□</td></tr>
<tr><td>施工单位意见</td><td colspan="4">我公司已完成该工程的材料供货和施工工作，材料符合合同要求，施工质量符合设计要求。
×××××
负 责 人：(签字)
日　　期：　　年　　月　　日</td></tr>
<tr><td>验收单位意见</td><td colspan="4">验收单位：(盖章)
负 责 人：(签字)
日　　期：　　年　　月　　日</td></tr>
</table>

任务总结

本学习任务主要通过案例详细讲解信息网络布线工程施工的方法，分为 5 个学习活动开展。主要内容包括系统需求分析、工程总体设计、材料统计和预算、现场施工与管理、工程测试与验收等。通过本学习任务的学习，学生可对信息网络布线施工过程有深入的了解。

第四部分

信息网络布线基础理论题库及参考答案

信息网络布线基础理论题库

一、单项选择题

1. 智能建筑是多学科跨行业的系统技术与工程，它是现代高新技术的结晶，是建筑艺术与（　　）相结合的产物。

A. 计算机技术　　B. 科学技术　　C. 信息技术　　D. 通信技术

2. 下列哪项不属于综合布线的特点？（　　）

A. 实用性　　B. 兼容性　　C. 可靠性　　D. 先进性

3. 目前所讲的智能小区主要指住宅智能小区，根据国家建设部关于在全国建成一批智能化小区示范工程项目，将智能小区示范工程分为 3 种类型，其中错误的是（　　）。

A. 一星级　　B. 二星级　　C. 三星级　　D. 四星级

4. 中国国家标准 YD/T 926—2001《大楼通信综合布线系统》分为几个部分。下列哪个不属于该标准。（　　）

A. YD/T 926. 1—2001《大楼通信综合布线系统第 1 部分：总规范》

B. YD/T 926. 2—2001《大楼通信综合布线系统第 2 部分：综合布线用电缆、光缆技术要求》

C. YD/T 926. 3—2001《大楼通信综合布线系统第 3 部分：综合布线用连接硬件技术要求》

D. YD/T 926. 4—2001《大楼通信综合布线系统第 4 部分：综合布线用验收要求》

5. 综合布线要求设计一个结构合理、技术先进、满足需求的综合布线系统方案。下列哪项不属于综合布线系统的设计原则。（　　）

A. 不必将综合布线系统纳入建筑物整体规划、设计和建设

B. 综合考虑用户需求、建筑物功能、经济发展水平等因素

C. 具有长远规划思想、保持一定的先进性

D. 扩展性、标准化、灵活的管理方式

6. 下列哪项不属于综合布线产品选型原则？（　　）

A. 满足功能和环境要求　　B. 选用高性能产品

C. 符合相关标准和高性价比要求　　D. 售后服务保障

7. 设计工作区子系统时，要考虑终端设备的用电需求。下面关于信息插座与电源插座间距的描述中，正确的是（　　）。

A. 信息插座与电源插座的间距不小于 10 cm，暗装信息插座与旁边的电源插座应保持 20 cm 的距离。

B. 信息插座与电源插座的间距不小于 20 cm，暗装信息插座与旁边的电源插座应保持 30 cm 的距离。

C. 信息插座与电源插座的间距不小于 30 cm，暗装信息插座与旁边的电源插座应保持 40 cm 的距离。

D. 信息插座与电源插座的间距不小于 40 cm，暗装信息插座与旁边的电源插座应保持 50 cm 的距离。

8. 下列哪项不属于水平子系统的设计内容？（　　）

A. 布线路由设计　　B. 管槽设计

C. 设备安装、调试　　D. 线缆类型选择、布线材料计算

9. 下列哪项不属于管理间子系统的组成部件或设备？（　　）

A. 配线架　　B. 网络设备　　C. 水平跳线连线　　D. 管理标识

10. 设备间子系统的大小应根据智能化建筑的规模、所采用的不同系统、安装设备的多少、网络结构等要求综合考虑，在设备间应该安装好所有设备，并有足够的施工和维护空间，其面积最低不能小于（　　）m^2，设备间净高不能小于（　　）m。

A. 10，2.55　　B. 20，2.55　　C. 30，2.6　　D. 40，2.8

11. 建筑智能化系统不包含（　　）。

A. BA　　B. CA　　C. OA　　D. GA

12. 综合布线采用模块化的结构。按各模块的作用，可把综合布线系统划分为（　　）。

A. 3 个部分　　B. 4 个部分　　C. 5 个部分　　D. 6 个部分

13. 五类双绞线（CAT5）的最高传输速率为（　　）。

A. 100 Mbit/s　　B. 155 Mbit/s　　C. 250 Mbit/s　　D. 600 Mbit/s

14. 双绞线的电气特性“FEXT”表示（　　）。

A. 衰减　　B. 衰减串扰比　　C. 近端串扰　　D. 远端串扰

15. 线缆型号 RG59 是指（　　）。

A. 细同轴电缆　　B. 粗同轴电缆　　C. 光缆　　D. 宽带电缆

16. 机柜按照外形可分为立式、挂墙式和（　　）。

A. 落地式　　B. 便携式　　C. 开放式　　D. 简易式

17. 非屏蔽双绞线在敷设中，弯曲半径应至少为线缆外径的（　　）。

A. 1 倍　　B. 2 倍　　C. 3 倍　　D. 4 倍

18. 为了便于操作，机柜和设备前面预留的空间应为（　　）。

A. 1 000 mm　　B. 1 500 mm　　C. 1 800 mm　　D. 2 000 mm

19. 影响光纤熔接损耗的因素较多，其中影响最大的是（　　）。

A. 光纤模场直径不一致　　B. 两根光纤芯径失配
C. 纤芯截面不圆　　D. 纤芯与包层同心度不佳

20. 根据 TIA/EIA568A 的规定，信息插座引针 3，6 脚应接到（　　）。
A. 线对 1　　B. 线对 2　　C. 线对 3　　D. 线对 4

21. 无线局域网的标准 802. 11 中制定了无线安全登记协议，简称（　　）。
A. MAC　　B. HomeRF　　C. WEP　　D. TDMA

22. 综合布线器材与布线工具中，穿线器属于（　　）。
A. 布线器材　　B. 管槽安装工具　　C. 线缆安装工具　　D. 测试工具

23. 双绞线与避雷引下线之间的最小平行净距为（　　）。
A. 400 mm　　B. 600 mm　　C. 800 mm　　D. 1 000 mm

24. 光纤规格 62. 5/125 中的 62. 5 表示（　　）。
A. 光纤芯的直径　　B. 光纤包层直径
C. 光纤中允许通过的光波波长　　D. 允许通过的最高频率

25. 下列哪项不属于施工质量管理的内容？（　　）
A. 施工图的规范化和制图的质量标准　　B. 系统运行的参数统计和质量分析
C. 系统验收的步骤和方法　　D. 技术标准和规范管理

26. 现代世界科技发展的一个主要标志是 4C 技术。下列哪项不属于 4C 技术？（　　）
A. Computer　　B. Communication　　C. Control　　D. Cooperation

27. 我国标准《智能建筑设计标准》（GB/T50314—2000）是规范建筑智能化工程设计的准则。其中将智能办公楼、智能小区等大体上分为 5 部分内容，包括建筑设备自动化系统、通信网络系统、办公自动化系统、（　　）、建筑智能化系统集成。
A. 系统集成中心　　B. 综合布线系统
C. 通信自动化系统　　D. 办公自动化系统

28. 综合布线一般采用什么类型的拓扑结构？（　　）
A. 总线型　　B. 扩展树型　　C. 环型　　D. 分层星型

29. 万兆铜缆以太网 10GBase－T 标准，对综合布线系统支持的目标如下。请问哪个是错误的？（　　）
A. 4 连接器双绞线铜缆系统信道
B. 100 m 长度 F 级（七类）布线信道
C. 100 m 长度 E 级（六类）布线信道
D. 100 m 长度新型 E 级（六类）布线信道

30. 下列哪种不属于智能小区的类型？（　　）
A. 住宅智能小区　　B. 商住智能小区　　C. 校园智能小区　　D. 医院智能小区

31. 下列哪项不是综合布线系统工程中用户需求分析必须遵循的基本要求？（　　）
A. 确定工作区数量和性质
B. 主要考虑近期需求，兼顾长远发展需要
C. 制定详细的设计方案

D. 多方征求意见

32. 以下标准中，哪项不属于综合布线系统工程常用的标准？(　　)

A. 日本标准　　B. 国际标准　　C. 北美标准　　D. 中国国家标准

33. 在工作区子系统设计中，对信息模块的类型、对应速率和应用的错误描述是（　　）。

A. 三类信息模块支持 16 Mbit/s 信息传输，适合语音应用

B. 超五类信息模块支持 1 000 Mbit/s 信息传输，适合语音、数据和视频应用

C. 超五类信息模块支持 100 Mbit/s 信息传输，适合语音、数据和视频应用

D. 六类信息模块支持 1 000 Mbit/s 信息传输，适合语音、数据和视频应用

34. 下列关于水平子系统布线距离的描述中，正确的是（　　）。

A. 水平电缆最大长度为 80 m，配线架跳接至交换机、信息插座跳接至计算机总长度不超过 20 m，通信通道总长度不超过 100 m

B. 水平电缆最大长度为 90 m，配线架跳接至交换机、信息插座跳接至计算机总长度不超过 10 m，通信通道总长度不超过 100 m

C. 水平电缆最大长度为 80 m，配线架跳接至交换机、信息插座跳接至计算机总长度不超过 10 m，通信通道总长度不超过 90 m

D. 水平电缆最大长度为 90 m，配线架跳接至交换机、信息插座跳接至计算机总长度不超过 20 m，通信通道总长度不超过 110 m

35. 下列关于垂直子系统设计的描述中，错误的是（　　）。

A. 干线子系统的设计主要确定垂直路由的多少和位置、垂直部分的建筑方式和垂直子系统的连接方式

B. 综合布线干线子系统的线缆并非一定是垂直分布的

C. 干线子系统垂直通道分为电缆孔、管道、电缆竖井 3 种方式

D. 无论是电缆还是光缆，干线子系统都不受最大布线距离的限制

36. 根据管理方式和交连方式的不同，交接管理在管理间子系统中常采用下列一些方式，其中错误的是（　　）。

A. 单点管理单交连　　B. 单点管理双交连　　C. 双点管理单交连　　D. 双点管理双交连

37. 下列关于防静电活动地板的描述中，错误的是（　　）。

A. 缆线敷设和拆除均简单、方便，能适应线路增减变化

B. 地板下空间大，电缆容量和条数多，路由自由短接，节省电缆费用

C. 不改变建筑结构即可以实现灵活布线

D. 价格低，且不会影响房屋的净高

38. 综合布线标准中，属于中国标准的是（　　）。

A. TIA/EIA568　　B. GB/T50311—2000

C. EN50173　　D. ISO/IEC1l801

39. 4 对双绞线中第 1 对的色标是（　　）。

A. 白蓝/蓝　　B. 白橙/橙　　C. 白棕/棕　　D. 白绿/绿

40. 同轴电缆中细缆网络结构的最大干线段长度为（　　）。

A. 100 m　　B. 150 m　　C. 185 m　　D. 200 m

41. 屏蔽每对双绞线对的双绞线称为（　　）。

A. UTP　　B. FTP　　C. ScTP　　D. STP

42. 根据布线标准．建筑物内主干光缆的长度要小于（　　）。

A. 100 m　　B. 200 m　　C. 500 m　　D. 1 500 m

43. 信息插座与周边电源插座应保持的距离为（　　）。

A. 15 cm　　B. 20 cm　　C. 25 cm　　D. 30 cm

44. 18U 的机柜高度为（　　）。

A. 1.0 m　　B. 1.2 m　　C. 1.4 m　　D. 1.6 m

45. 布放电缆时，对 2 根 4 对双绞线的最大牵引力①不能大于（　　）。

A. 15 kg　　B. 20 kg　　C. 25 kg　　D. 30 kg

46. 根据 TIA/EIA568A 的规定，多模光纤在 1 300 mm 的最大损耗为（　　）。

A. 1.5 dB　　B. 2.0 dB　　C. 3.0 dB　　D. 3.75 dB

47. 根据综合布线系统的设计等级，增强型系统要求每一个工作区应至少有（　　）信息插座。

A. 1 个　　B. 2 个　　C. 3 个　　D. 4 个

48. 综合布线工程施工一般来说都是分阶段进行的，下列不属于施工过程阶段的是（　　）。

A. 施工准备阶段　　B. 施工阶段　　C. 设备安装　　D. 工程验收

49. 下列不属于认证测试模型类型的是（　　）。

A. 基本链路模型　　B. 永久链路模型　　C. 通道模型　　D. 虚拟链路模型

50. 综合布线工程验收的 4 个阶段中，对隐蔽工程进行验收的阶段是（　　）。

A. 开工检查阶段　　B. 随工验收阶段　　C. 初步验收阶段　　D. 竣工验收阶段

51. 下列不属于综合布线的特点的是（　　）。

A. 实用性　　B. 兼容性　　C. 可靠性　　D. 先进性

52. 在以太网 100 Base T 规范中使用的是什么类型的电缆？（　　）

A. RG－58 AU 同轴电缆　　B. 三类电缆

C. 四类电缆　　D. 五类电缆

53. 在电信领域可以传输信息的介质类型有（　　）。

A. 铜导线、同轴电缆、光纤和无线

B. 光纤/同轴电缆的混合电缆以及铜导线

C. 无线和铜导线

D. 铜导线、同轴电缆、光纤以及光纤/同轴电缆的混合电缆

54. 千兆位以太网可以（　　）。

A. 作为干线互连实现　　B. 实现到桌面

C. 在交换机和服务器之间实现　　D. 以上各项都对

① 力的单位是牛顿（N），千克力（公斤力）不属于国际单位制范畴。

55. 有些室内电缆是屏蔽电缆，这是（　　）。

A. 为了保护电缆内的导线　　B. 为了保证传输性能

C. 为了防止 EMI　　D. 为了防止电击

56. 什么类型的网络设计有助于形成坚实的基础？（　　）

A. 有正确工作站的网络设计　　B. 合理而且灵活的网络设计

C. 有正确网络操作系统的网络设计　　D. 安装有合适电缆的网络设计

57. 为什么双绞线电缆是目前在局域网中最常使用的布线形式？（　　）

A. 它比其他布线形式的安装费用低　　B. 它比较柔软

C. 它易于安装　　D. 以上各项都是

58. 综合布线是一种（　　）、灵活性极高的建筑物内或建筑群之间的信息传输通道。

A. 模型化的　　2. 模拟化　　3. 模块化　　4. 标准化

59. 综合布线能使（　　）、图像设备和交换设备与其他信息管理系统彼此相连，也能使这些设备与外部通信网络连接。

A. 语音、数据　　B. 语音、视频　　3. 视频、数据　　4. 射频、视频

60. 新版国家标准 GB 50311—2007 对以往综合布线的 6 个子系统结构增加了一个新的内容，称为（　　）子系统，从而构成了 7 个子系统。

A. 交接间　　B. 配线间　　C. 管井　　D. 进线间

61. 3 类语音大对数线缆的标准芯数是（　　）。

A. 8 对　　B. 10 对　　C. 25 对　　D. 50 对

62. 标准中衡量综合布线系统性能等级的 CLASS E 级，对应的是（　　）产品。

A. 超五类　　B. 六类　　C. 七类　　D. 超六类

63. 常用的双绞线电缆的特性阻抗为（　　）。

A. 50 Ω　　B. 75 Ω　　C. 100 Ω　　D. 150 Ω

64. 综合布线的拓扑结构为（　　）。

A. 星型　　B. 总线型　　C. 环型　　D. 树型

65. 图片中的接头为（　　）。

A. ST　　B. LC

C. SC　　D. FC

66. 多模光纤采用的光源是（　　）。

A. LED　　B. 激光　　C. 红外线　　D. 蓝光

67. 垂直子系统的设计范围包括（　　）。

A. 管理间与设备间之间的电缆

B. 信息插座与管理间配线架之间的连接电缆

C. 设备间与网络引入口之间的连接电缆

D. 主设备间与计算机主机房之间的连接电缆

68. 综合布线系统中直接与用户终端设备相连的子系统是（　　）。

A. 工作区子系统　　B. 水平子系统　　C. 干线子系统　　D. 管理间子系统

69. 综合布线系统中用于连接两幢建筑物的子系统是（　　）。

A. 管理子系统　　B. 干线子系统　　C. 设备间子系统　　D. 建筑群子系统

70. 综合布线系统中用于连接楼层配线间和设备间的子系统是（　　）。

A. 工作区子系统　　B. 水平子系统　　C. 干线子系统　　D. 管理子系统

71. "3A" 智能建筑是指智能大厦具有（　　）功能。

A. 办公自动化、通信自动化和防火自动化

B. 办公自动化、楼宇自动化和防火自动化

C. 办公自动化、通信自动化和楼宇自动化

D. 保安自动化、通信自动化和楼宇自动化

72. 超五类电缆的支持的带宽为（　　）。

A. 100 MHz　　B. 150 MHz　　C. 250 MHz　　D. 600 MHz

73. 常见的62. 5/125 μm 多模光纤中的62. 5μm 指的是（　　）。

A. 纤芯外径　　B. 包层后外径　　C. 包层厚度　　D. 涂覆层厚度

74. 按传输模式分类，光缆可以分为（　　）两类。

A. 渐变型光缆和突变型光缆　　B. 室内光缆和室外光缆

C. 长途光缆和短途光缆　　D. 多模光缆和单模光缆

75. 标准机柜是指（　　）。

A. 2 m 高的机柜　　B. 1. 8 m 高的机柜

C. 18 in 机柜　　D. 19 in 机柜

76. 综合布线系统的工作区如果使用4 对非屏蔽双绞线电缆作为传输介质，则信息插座与计算机终端设备的距离一般应保持在（　　）以内。

A. 2 m　　B. 90 m　　C. 5 m　　D. 100 m

77. 电缆通常以箱为单位进行订购，每箱电缆的长度是（　　）m。

A. 305　　B. 500　　C. 1 000　　D. 1 024

78. 基本链路全长小于等于（　　）m。

A. 90　　B. 94　　C. 99　　D. 100

79. 通道链路全长小于等于（　　）m。

A. 80　　B. 90　　C. 94　　D. 100

80. 永久链路全长小于等于（　　）m。

A. 90　　B. 94　　C. 99　　D. 100

81. 由于通信电缆的特殊结构，电缆在布放过程中承受的拉力不要超过电缆允许张力的80%。下面关于电缆最大允许拉力值的说法中正确的为（　　）。

A. 1 根4 对双绞线电缆，拉力为5 kg

B. 2 根4 对双绞线电缆，拉力为10 kg

C. 3 根4 对双绞线电缆，拉力为15 kg

D. n 根4 对双绞线电缆，拉力为$(n \times 5 + 5)$ kg

82. 下列有关近端串扰测试的描述中，不正确的是（　　）。

A. 近端串扰的 dB 值越大越好

B. 在测试近端串扰时，采用频率点步长，步长越小，测试就越准确

C. 近端串扰表示在近端产生的串扰

D. 对于 4 对 UTP 电缆来说，近端串扰有 6 个测试组合

83. 现今的综合布线一般采用（　　）。

A. 总线型拓扑结构　　B. 环型拓扑结构　　C. 星型拓扑结构　　D. 网状拓扑结构

84. 水平干线布线系统涉及水平跳线架、水平线缆、转换点、（　　）等。

A. 线缆出入口/连接器　　B. 主跳线架

C. 建筑内主干线缆　　D. 建筑外主干线缆

85. 同轴电缆可分为两种基本类型：基带同轴电缆和宽带同轴电缆。（　　）用于数字传输；（　）用于模拟传输。

A. 50 Ω 宽带同轴电缆，75 Ω 基带同轴电缆

B. 75 Ω 宽带同轴电缆，50 Ω 基带同轴电缆

C. 75 Ω 基带同轴电缆，50 Ω 宽带同轴电缆

D. 50 Ω 基带同轴电缆，75 Ω 宽带同轴电缆

86. 1000BASE－LX 表示（　　）。

A. 1 000 M 多模光纤　　B. 1 000 M 单模长波光纤

C. 1 000 M 单模短波光纤　　D. 1 000 M 铜线

87. "62. 5/125 μm 多模光纤" 中的 62. 5/125 μm 指的是（　　）。

A. 光纤内/外径　　B. 光纤可传输的光波波长

C. 光缆内/外径　　D. 光缆可传输的光波波长

88. 在综合布线系统中，一个独立的需要设置终端设备的区域称为一个（　　）。

A. 管理间　　B. 设备间　　C. 总线间　　D. 工作区

二、多项选择题

1. 单模光纤的特性为（　　）。

A. 用于低速度、短距离　　B. 用于高速度、长距离

C. 宽芯线，聚光好　　D. 耗散极小，高效

E. 窄芯线，需要激光源

2. 多模光纤的特性为（　　）。

A. 用于低速度、短距离　　B. 耗散大，低效

C. 窄芯线，需要激光源　　D. 用于高速度、长距离

E. 耗散极小，高效

3. 综合布线方案设计的依据是（　　）。

A. 地理布局　　B. 公司资源

C. 用户设备类型　　D. 网络工程经费投资

E. 网络服务范围

4. 网络工程经费投资包括（　　）。

A. 设备投资（软件、硬件）
B. 网络工程材料费用投资
C. 网络工程施工费用投资
D. 安装，测试费用投资
E. 培训与运行费用投资
F. 维护费用投资

5. 水平子系统的设计涉及水平子系统的传输介质和部件集成，所以要考虑（　　）。

A. 确定线路走向
B. 确定线缆、槽管的数量和类型
C. 确定信息插座数量
D. 确定电缆的类型和长度

6. 楼层配线间是放置（　）的专用房间。

A. 信息插座　　B. 配线架（柜）　　C. 计算机终端　　D. 应用系统设备

7. 设计垂直子系统时要考虑（　　）。

A. 整座楼的垂直干线要求
B. 从楼层到设备间的垂直干线电缆路由
C. 工作区位置
D. 建筑群子系统的介质

8. 建筑群子系统布线时，AT&T PDS 推荐的设计步骤包括（　　）。

A. 确定建筑物的电缆入口
B. 确定明显障碍物的位置
C. 确定主电缆路由和备用电缆路由
D. 确定每种选择方案的材料成本
E. 选择最经济、最实用的设计方案

9. 桥架分为（　　）。

A. 梯级式桥架　　B. 托盘式桥架　　C. 槽式桥架　　D. 轻型桥架

10. 综合布线系统设施及管线的建设，应纳入建筑与建筑群相应的规划设计之中。工程设计时，应根据（　　）进行设计，并应考虑（　　）。

A. 工程项目的性质、功能、环境条件
B. 近、远期用户需求
C. 施工和维护方便
D. 确保综合布线系统工程的质量和安全
E. 做到技术先进、经济合理

11. 跳线指（　　）。

A. 不带连接器件的电缆线对与带连接器件的光纤，用于配线设备之间的连接
B. 带连接器件的电缆线对与带连接器件的光纤，用于配线设备之间的连接
C. 不带连接器件的电缆线对与不带连接器件的光纤，用于配线设备之间的连接
D. 带连接器件的电缆线对与不带连接器件的光纤，用于配线设备之间的连接

12. 配线子系统应由（　　）等组成。

A. 工作区的信息插座模块
B. 信息插座模块至电信间配线设备（FD）的配线电缆和光缆
C. 电信间的配线设备及设备缆线和跳线
D. 工作区的连接终端设备的跳线

13. 干线子系统应由（　　）组成。

A. 设备间至电信间的干线电缆和光缆
B. 安装在设备间的建筑物配线设备（BD）及设备缆线和跳线
C. 设备间至进线间的连接线缆
D. 设备间至工作区的连接线缆

14. 以下性能中哪种能支持1 000 Mbit/s 带宽的传输？（　　）

A. CAT5　　B. CAT5e　　C. CAT6　　D. CAT6A

15. 下面哪些情况需要采用屏蔽布线系统？（　　）

A. 综合布线区域内存在的电磁干扰场强高于3 V/m 时

B. 用户对电磁兼容性有较高的要求（电磁干扰和防信息泄漏）或有网络安全保密的需要时

C. 采用非屏蔽布线系统无法满足安装现场条件对缆线的间距要求时

D. 上述全部正确

16. 配线子系统缆线可采用（　　）。

A. 非屏蔽4 对对绞电缆　　B. 屏蔽4 对对绞电缆

C. 室内多模光缆或单模光缆　　D. 同轴电缆

17. 缆线的弯曲半径应符合下列规定（　　）。

A. 非屏蔽4 对对绞电缆的弯曲半径应至少为电缆外径的4 倍

B. 屏蔽4 对对绞电缆的弯曲半径应至少为电缆外径的8 倍

C. 主干对绞电缆的弯曲半径应至少为电缆外径的10 倍

D. 2 芯或4 芯水平光缆的弯曲半径应大于25 mm；其他芯数的水平光缆、主干光缆和室外光缆的弯曲半径应至少为光缆外径的10 倍

18. 工程竣工后施工单位应提供下列哪些符合技术规范的结构化综合布线系统技术档案材料？（　　）

A. 工程说明　　B. 测试记录

C. 设备、材料明细表　　D. 工程决算

19. 在全面熟悉施工图纸的基础上，依据图纸并根据施工现场情况、技术力量及技术装备情况，综合做出合理的施工方案。编制的内容包括（　　）。

A. 现场技术安全交底、现场协调、现场变更、现场材料质量签证和现场工程验收单

B. 施工平面布置图、施工准备及其技术要求

C. 施工方法和工序图

D. 施工质量保证

E. 施工计划网络图

20. 下列有关综合布线系统的设计原则的叙述中正确的是（　　）。

A. 综合布线属于预布线，要建立长期规划思想，保证系统在较长时间内的适应性，很多产品供应商都提供15~20 年的保证

B. 当建立一个新的综合布线系统时，应采用结构化综合布线标准，不能采用专署标准

C. 设计时应考虑更高速的技术，而不应只局限于目前正在使用的技术，以满足用户将来的需要

D. 在整个综合布线系统的设计施工过程中应保留完整的文档

21. 光缆是数据传输中最有效的一种传输介质，它有（　　）的优点。

A. 频带较宽　　B. 电磁绝缘性能好

C. 衰减较少　　　　　　　　　　　　　D. 无中继段长

22. 目前在网络布线方面，主要有两种双绞线布线系统在应用，即（　　）。

A. 四类布线系统　B. 五类布线系统　C. 超五类布线系统　D. 六类布线系统

23. 光纤配线架的基本功能包括（　　）。

A. 固定功能　　B. 熔接功能　　C. 调配功能　　D. 存储功能

24. 以下工具中（　　）可以应用于综合布线。

A. 弯管器　　　　　　　　　　　　　　B. 牵引线

C. 数据线专用打线工具　　　　　　　　D. RJ45/RJ11 水晶头压线钳

25. 综合布线系统工程的验收项目中，（　　）是基于环境要求的验收内容。

A. 电缆电气性能测试　　　　　　　　　B. 施工电源

C. 外观检查　　　　　　　　　　　　　D. 地板铺设

三、判断题

1. 基本型的干线子系统只能用光纤作传输介质。（　　）
2. 楼层配线架不一定在每一楼层都设置。（　　）
3. 在大型的综合布线系统中，一般采用单点管理方式。（　　）
4. 通道链路的总衰减是布线电缆的衰减和连接件的衰减之和。（　　）
5. 在测试近端串扰时，采用频率点步长，步长越大，测试越准确。（　　）
6. 综合布线系统工程的验收标志着综合布线系统工程的结束。（　　）
7. 光缆与电缆同管敷设时，应在管道内预设塑料子管。将光缆敷设在子管内，使光缆和电缆分开布放，子管内径应为光缆外径的 3 倍。（　　）
8. 建筑群配线架（CD）到建筑物配线架（BD）间的距离不应超过 2 000 m。（　　）
9. 信息插座与计算机设备的距离应保持在 15 m 范围内。（　　）
10. 基本链路全长实际测量的距离应小于等于 103 m。（　　）
11. 综合布线系统只适用于企业、学校、团体，不适用于家庭综合布线。（　　）
12. 设备间与管理间必须单独设置。（　　）
13. 直通跳线的做法是两端的水晶头打线都遵循 T568A 或 T568B 接线标准。（　　）
14. 单模光缆采用发光二极管作为光源。（　　）
15. 双绞线电缆就是 UTP 电缆。（　　）
16. 设计综合布线系统时，对用户业务的需求分析可有可无。（　　）
17. 在配线布线子系统中，线缆既可以用双绞线电缆，也可以用光缆。（　　）
18. 110 型配线架只能端接数据信息点。（　　）
19. 在建筑群配线架和建筑物配线架上，接插软线和跳线长度不宜超过 20 m，超过 20 m 的长度应从允许的干线线缆最大长度中扣除。（　　）
20. 线缆安装位置应符合施工图规定，左右偏差视环境而定，最大可以超过 50 mm。（　　）
21. 双绞线电缆施工过程中，线缆两端必须进行标注。（　　）
22. 双绞线电缆施工过程中，可以混用 T568A 和 T568B 方式。（　　）

23. 光缆布放应平直，可以产生扭绞、打圈等现象，不应受到外力挤压和损伤。(　　)

24. 在弱电间中，敷设光缆有两种选择：向上牵引和向下垂放。就向下垂放而言，转动光缆卷轴并将光缆从其顶部牵出，牵引光缆时，不应违反最小弯曲半径和最大张力的规定。(　　)

25. 双绞线电缆的测试方法与光缆测试思路是完全不同的。(　　)

26. T568A 和 T568B 接线标准在同一系统中不能同时使用。(　　)

27. 测量双绞线电缆参数 NEXT，测得的 dB 值越大，说明近端串扰越小。(　　)

信息网络布线基础理论题库参考答案

一、单项选择题

1～5 CADDA　6～10 BACBA　11～15 DDADD　16～20 CDBAC　21～25 CCDAD
26～30 DBDCD　31～35 CACBD　36～40 CDBAC　41～45 DCBAA　46～50 ABDDB
51～55 ADADB　56～60 BDCAD　61～65 CBCAC　66～70 AAADC　71～75 CAAAD
76～80 CADDA　81～85 DCCAD　86～88 BAD

二、多项选择题

1. BDE　2. AB　3. ACDE　4. ABCDEF　5. ABD　6. BD　7. AB　8. ABCDE
9. ABC　10. ABCDE　11. AB　12. ABC　13. AB　14. ABCD　15. ABC　16. ABC
17. ABCD　18. ABCD　19. ABCDE　20. ABCD　21. ABCD　22. BC　23. ABC
24. ABCD　25. BCD

三、判断题

1. F　2. T　3. F　4. T　5. F　6. F　7. F　8. T　9. F　10. T　11. F　12. F　13. T
14. F　15. F　16. F　17. F　18. F　19. F　20. F　21. T　22. F　23. F　24. F
25. F　26. T　27. F

(注：T 表示正确，F 表示错误。)

第五部分

信息网络布线技能训练试题选编

信息网络布线技能训练试题（一）

第一部分：信息网络布线系统工程设计项目

近年来，旧楼改造中增加信息网络布线系统工程项目越来越多，请按照图1所示西安开元电子实业有限公司网络培训中心综合楼建筑模型立体图，完成增加信息网络布线系统的工程设计。设计符合GB 50311—2007《综合布线系统工程设计规范》，按照超五类系统，满足当前网络办公、管理和教学需要，争取以最低成本完成该项目，不考虑语音系统。

裁判依据各参赛队提交的书面文档评分，没有书面文档的项目不得分。具体设计内容和要求如下。

（1）完成网络信息点数量统计表（200分）。

要求使用Excel软件编制，信息点设置合理，表格设计合理，数量正确，项目名称准确，签字和日期完整，采用A4幅面打印1份。

（2）设计和绘制该信息网络布线系统图（100分）。

要求使用Visio软件绘制，图面布局合理，图形正确，符号标记清楚，连接关系合理，说明完整，标题栏合理（包括项目名称、签字和日期），采用A4幅面打印1份。

（3）完成该信息网络布线系统施工路由图（300分）。

图1的Visio电子版已经安装在各竞赛机位的计算机中，保存在计算机桌面上，文件名为“西安开元电子实业有限公司网络培训中心综合楼建筑模型立体图.vsd”。请参赛选手在该Visio图中直接添加设计，不需要重新绘图。请将设计作品保存成图片格式，采用A4幅面打印1份。

要求设备间、管理间、工作区信息点位置选择合理，器材规格和数量配置合理；垂直子系统、水平子系统布线路由合理，器材选择正确；文字说明清楚、正确；标题栏完整并且签署参赛队机位号和日期。

（4）编制该信息网络布线系统信息点端口对应表（300分）。

要求按照表1所示格式编制该信息网络布线系统信息点端口对应表。要求项目名称准确，表格设计合理，信息点编号正确，签字和日期完整，采用A4幅面打印1份。

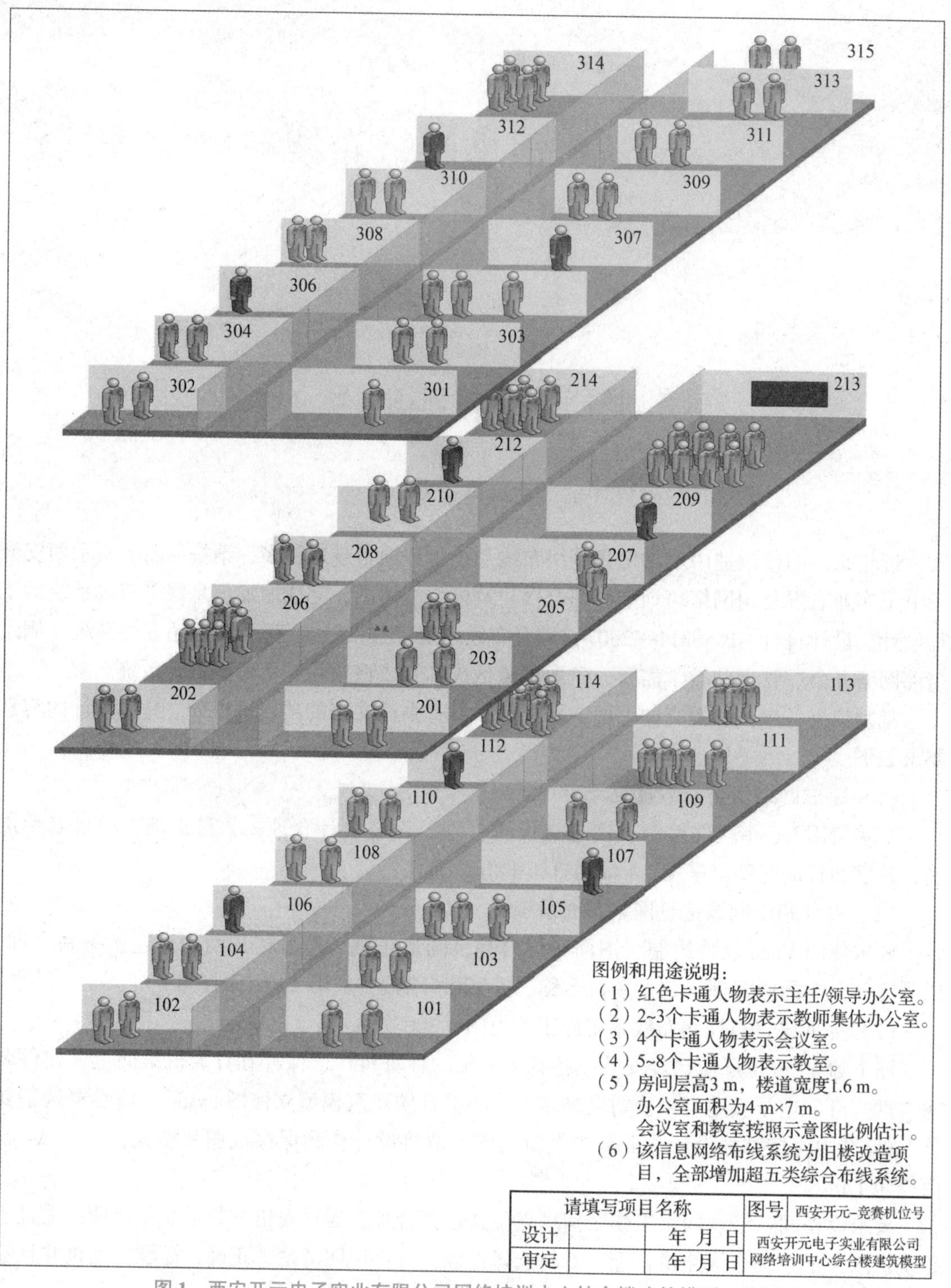

图 1　西安开元电子实业有限公司网络培训中心综合楼建筑模型立体图

每个信息点必须具有唯一的编号，编号有顺序和规律，只能使用数字，以方便施工和维护。信息点编号内容和格式如下：工作区编号－网络插口编号－楼层机柜编号－配线架编号－配线架端口编号。

表1　项目名称：

序号	信息点编号	工作区编号	网络插口编号	楼层机柜编号	配线架编号	配线架端口编号

编制人：（只能签署参赛队机位号）　　　　　　　　时间：

（5）编制工程项目材料统计表（200 分）。

要求按照表 2 所示格式，编制该工程项目材料统计表。要求材料名称正确，规格/型号合理，数量合理，用途说明清楚，品种齐全，没有漏项或者多余项目。

表2　项目名称：

序号	材料名称	材料规格/型号	数量	单位	用途说明

编制人：（只能签署参赛队机位号）　　　　　　　　时间：

第二部分：网络配线端接

网络配线端接在西元网络配线实训装置（产品型号 KYPXZ－01－05）上进行，每个竞赛队使用 1 台设备，具体请参考题目要求和图中表示的位置。

安装操作方法请参考西安开元电子实业有限公司的产品说明书。

（1）制作和测试网络跳线（100 分）。

完成 5 根网络跳线的制作，其中 3 根按照 568B 线序，长度为 450 mm；2 根按照 568A－568B 线序，长度为 600 mm。

每根跳线的制作分值为 20 分，其中长度正确（5 分）、线序正确（5 分）、端接正确（5 分）、剪掉牵引线（5 分）。

网络跳线制作完成后必须在图 2 所示的西元网络配线实训装置（产品型号 KYPXZ－01－05）上进行线序和通断测试。

要求竞赛开始后 60 min 内完成网络跳线的制作，并将制作好的网络跳线摆放在工作台上，供裁判组评判。

（2）完成永久链路端接（540 分）。

在图 2 所示的西元网络配线实训装置（产品型号 KYPXZ－01－05）上并排完成 6 组复杂永久链路的布线和模块端接，路由如图 3 所示。

图 2　西元网络配线实训装置

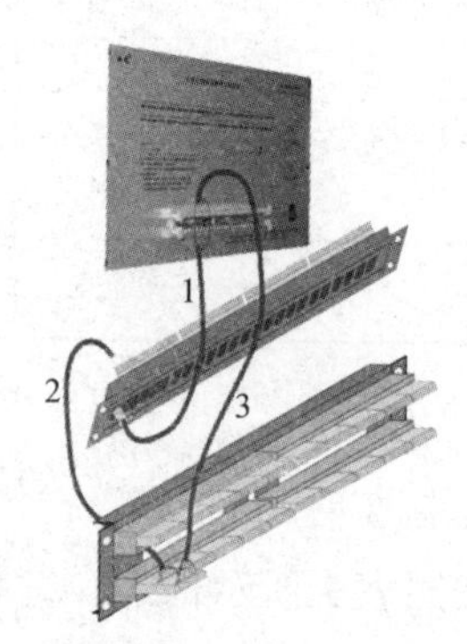

图 3　永久链路路由

每组包括 3 根跳线，端接 6 次，其中包括 110 型 5 对连接块端接 4 次，RJ45 头端接 1 次，RJ45 模块端接 1 次。

要求线序和端接正确（5 分×6 处），电气连通（30 分/组），每根跳线长度合适（5 分×3 根），剥线长度合适（8 分×6 处），剪掉牵引线（2 分×6 处）。

（3）完成复杂永久链路端接，路由如图 4 所示（540 分）。

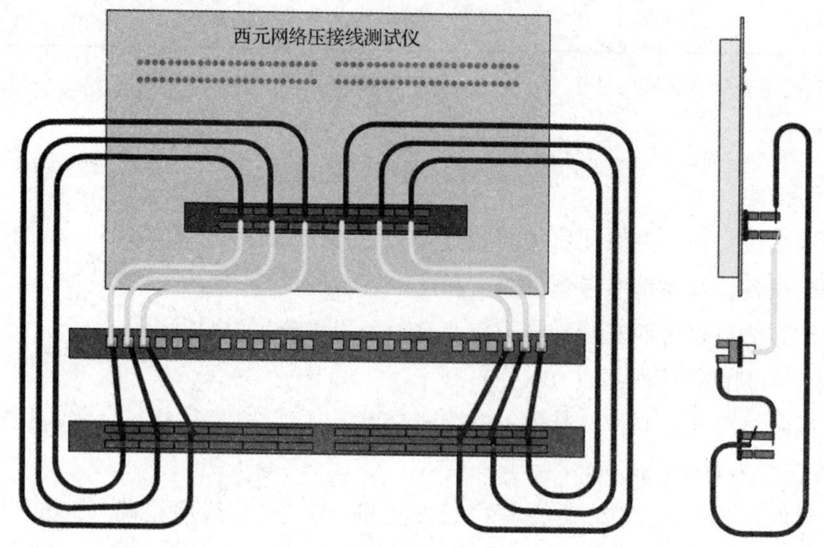

图 4　复杂永久链路端接路由

（4）进行工程安装（540 分）。

信息网络布线技能训练试题（二）

第 1 题　信息网络布线系统工程项目设计

请根据图 1 所示西元信息网络系统工程教学模型完成以下设计任务。全部设计文件必须用黑色签字笔书写，要求文字工整，字迹清楚，全部文件中的签字，只能填写参赛队机位号，不允许填写姓名、学校和省市等其他识别性信息。裁判依据各参赛队提交的书面文档评分。

图 5 中各个房间计划功能与工作人员数量如下。

综合楼一层：11 号为设备间，2 人；12 号为一层管理间，2 人；13 号为培训室，14～17 号为办公室，分别为 2 人。

综合楼二层：21 号为办公室，2 人；22 号为二层管理间，2 人；23 号为会议室，24～27 号为办公室，分别为 4 人。

综合楼三层：31 号为办公室，2 人；32 号为三层管理间，1 人；33 号为会议室，34～36 号为办公室，分别为 4 人；37 号为办公室，2 人。

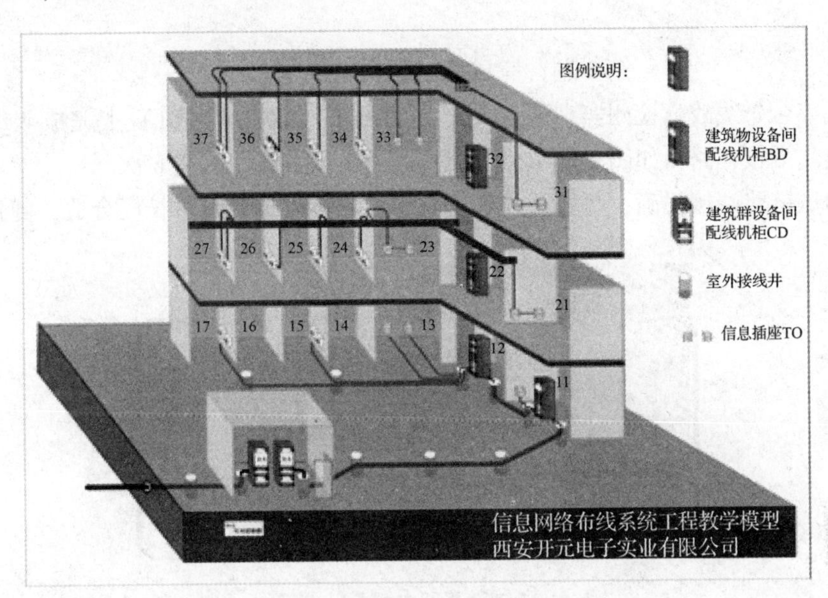

图 5　西元信息网络布线系统工程教学模型

（1）完成综合楼数据和语音信息点数量统计表（25 分）。

请在表 1 中填写项目名称，设计各个房间信息点数量、合计数量等。要求项目名称正确、信息点设计合理、合计数量正确、签字和日期完整。

（2）设计和绘制该信息网络布线系统项目系统图（25 分）。

要求图面布局合理、图形符号正确和标记清楚、连接关系合理、说明正确和完整；标题栏完整、项目名称正确、签字和日期完整。

（3）编制该信息网络布线系统项目二层信息点端口对应表（30 分）。

请在表 1 中填写二层信息点端口对应表，要求项目名称正确、每个信息点编号正确、插座底盒编号正确、楼层机柜编号正确、配线架编号正确、配线架端口编号正确、房间编号正确、签字和日期完整。

（4）完成该信息网络布线系统项目施工图（20 分）。

请根据图 5，设计二层信息网络布线系统项目施工图，要求施工图中每个信息点的布线路由合理清楚、材料规格标注清楚和设计合理、尺寸标注正确和完整、线条规范清楚、文字说明正确和清楚、图形符号规范；标题栏完整、项目名称正确、签字和日期完整。

第2题　网络跳线制作和测试（10分）

现场制作网络跳线2根，要求网络跳线长度误差必须控制在±5 mm以内，线序正确，压接护套到位，剪掉牵引线，符合GB 50312的规定，网络跳线测试合格，并且在西元综合布线故障检测实训装置（产品型号KYGJZ－07－01）上进行测试。其他具体要求如下。

（1）1根超五类非屏蔽电缆跳线，采用568B－568B线序，长度为500 mm。

（2）1根超五类非屏蔽电缆跳线，采用568B－568A线序，长度为300 mm。

特别要求：必须在竞赛开始后120 min内完成网络跳线的制作，并将全部网络跳线装入收集袋，检查确认收集袋编号与机位号相同后，将收集袋摆放在工作台上，供裁判组收集和评判。

第3题　完成测试链路端接（40分）

在西元综合布线故障检测实训装置（产品型号KYGJZ－07－01）上完成4组测试链路的布线和模块端接，路由如图6所示，每组链路有3根跳线，端接6次。

要求测试链路端接正确，每段跳线长度合适，端接处拆开线对长度合适，剪掉牵引线。

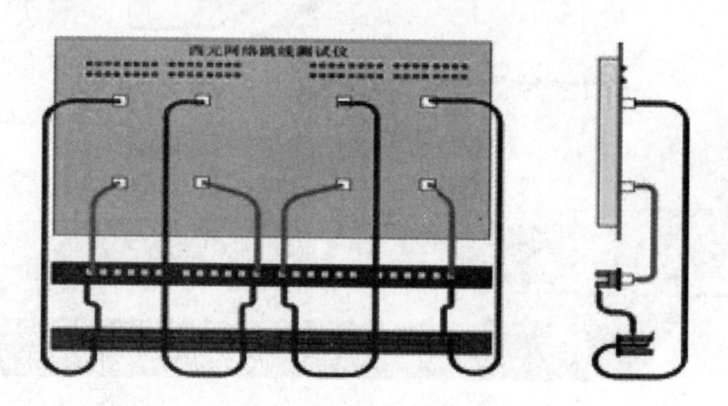

图6　测试链路路由示意（左视图）

第4题　完成复杂永久链路端接（50分）

在西元综合布线故障检测实训装置（产品型号KYGJZ－07－01）上完成6组复杂永久链路的布线和模块端接，路由如图7所示，每组链路有3根跳线，端接6次。要求复杂永久链路端接正确，每段跳线长度合适，端接处拆开线对长度合适，剪掉牵引线。

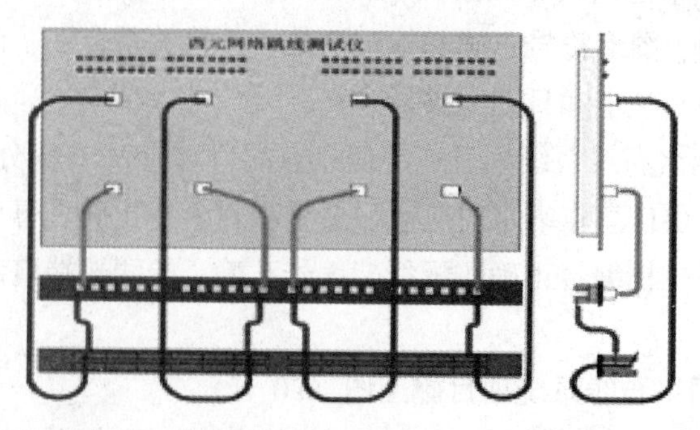

图7　复杂永久链路路由示意（左视图）

第5题　光缆布线安装与熔接（200分）

1. CD－BD建筑群子系统光缆链路布线安装（40分）

请按规定光缆布线路由，完成建筑群子系统光缆布线安装。首先从标识CD的西元综合布线故障检测实训装置，向标识BD的西元综合布线故障检测实训装置安装1趟ϕ20 mm的PVC线管，BD端用管卡、螺丝固定在BD立柱侧面，CD端的线管用L形支架、管卡、螺丝安装固定在设备顶部，PVC线管位于设备顶部约300 mm处；然后在PVC线管内穿2根4芯多模室内光缆、2根4芯单模室内光缆，两端分别穿入光纤配线架内。将没有穿入PVC线管内的外露光缆绑扎整齐。

2. 光纤熔接（160分）

请按图8所示光纤熔接示意，完成光纤熔接与固定。在光纤配线架内，将光缆与尾纤熔接，要求在光纤熔接部位安装保护套管，尾纤另一端插接在对应的耦合器上，单模光纤与单模光纤熔接，多模光纤与多模光纤熔接，将熔接好的光纤梳理整齐，小心地安装在绕线盘内，盖好盖板。熔接时尽量保留尾纤长度，并且整理和绑扎美观。

注意：将耦合器防尘护套存放在光纤配线架内部，不要安装光纤配线架金属盖板。

图8　光缆熔接示意

第6题　综合布线系统工程项目设计

（1）设计和绘制该信息网络布线系统项目系统图（25分）。

要求图面布局合理、图形符号正确和标记清楚、连接关系合理、说明正确和完整；标题栏完整、项目名称正确、签字和日期完整。

项目名称：________________　机位号：__________

（2）编制该信息网络布线系统项目二层信息点端口对应表（表3）（30分）。

表 3　信息点端口对应表

项目名称：________________　　机位号：__________

序号	信息点编号	机柜编号	配线架编号	配线架端口编号	插座底盒编号	房间编号
1						
2						
3						
4						
5						
6						
7						
8						
9						
10						
11						
12						
13						
14						
15						
16						

编写人（填写参赛队机位号）：　　　　　　　　年　月　日

（3）完成该信息网络布线系统项目施工图（20 分）。

请在图 9 所示二层平面图中，设计该信息网络布线系统项目二层施工图，要求施工图中每个信息点的布线路由合理清楚、材料规格标注清楚和设计合理、尺寸标注正确和完整、线条规范清楚、文字说明正确和清楚、图形符号规范；标题栏完整、项目名称正确、签字和日期完整。

项目名称：________________________　　机位号：______________

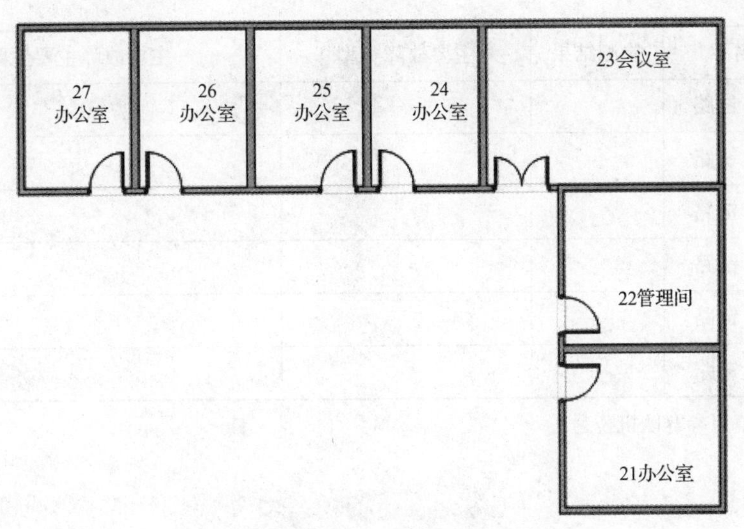

图 9　信息网络布线系统项目二层施工图

第 7 题　故障检测和分析（100 分）

请用 Fluke1800 线缆分析仪，检测图 10 所示西元综合布线故障检测实训装置中已经设定的 12 个永久链路，按照 GB 50312—2007 标准判断每个永久链路检测结果是否合格，判断主要故障类型，分析故障主要原因，并将检测结果和故障类型、原因等手工填写在表 4 中。

要求故障检测结果正确、故障类型判断准确全面、主要原因分析正确。

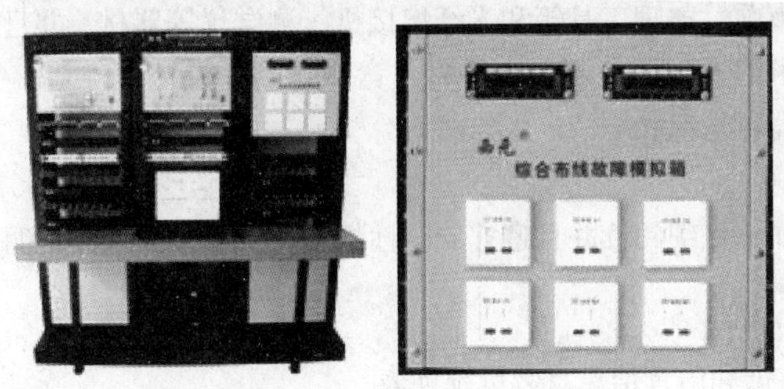

图 10　西元综合布线故障检测实训装置

表 4　信息网络布线系统常见故障检测分析表

序号	链路名称	检测结果	主要故障类型	主要故障主要原因分析
1	A1 - A1 链路			
2	A2 - A2 链路			
3	A3 - A3 链路			
4	A4 - A4 链路			
5	A5 - A5 链路			
6	A6 - A6 链路			

续表

序号	链路名称	检测结果	主要故障类型	主要故障主要原因分析
7	B1 – B1 链路			
8	B2 – B2 链路			
9	B3 – B3 链路			
10	B4 – B4 链路			
11	B5 – B5 链路			
12	B6 – B6 链路			

检测分析人（填写参赛队机位号）：　　　　　　　　　　年　月　日

竞赛要求：

1. 信息网络布线设计文件

（1）请选手在当天竞赛结束前，整理当天全部设计文件等资料，检查资料袋与竞赛机位号相同后，统一放入资料袋封口，将资料袋放在每个赛位的工作台上，由裁判集中收取。

（2）如果选手没有提交书面设计等文件，则该项目评判为零分。

2. 保持现场器材有序堆放和整齐，清洁现场

（1）由于该赛项分 2 天进行，对于第 1 天不用的器材，请保持现场器材有序堆放和整齐，在当天竞赛结束前，整理工具箱和光纤熔接机、测试仪等器材，并且清洁现场。

（2）选手不得将任何工具、腰包、器材、竞赛题目、设计文件草稿等带离竞赛位，否则将根据现场缺少器材情况扣分。

3. 安全性提示

请在竞赛开始前，仔细阅读并且遵守安全性提示，严格按照产品说明书的规定操作。

竞赛题附件清单：

表 1：综合楼数据和语音信息点数量统计表；

表 3：信息网络布线系统项目二层信息点端口对应表；

表 4：信息网络布线系统常见故障检测分析表；

图 9：信息网络布线系统项目二层施工图。

信息网络布线技能训练试题（三）

综合布线安装施工在西元网络综合布线实训装置上进行，每个参赛队负责 1 个 U 形区域。具体路由请按照题目要求和图 11 中的位置。

特别注意：安装时需要使用电动工具并进行登高作业，特别要求参赛选手注意安全用电和规范施工，进行登高作业时首先认真检查和确认梯子是否安全可靠。严格按照说明书安全操作。

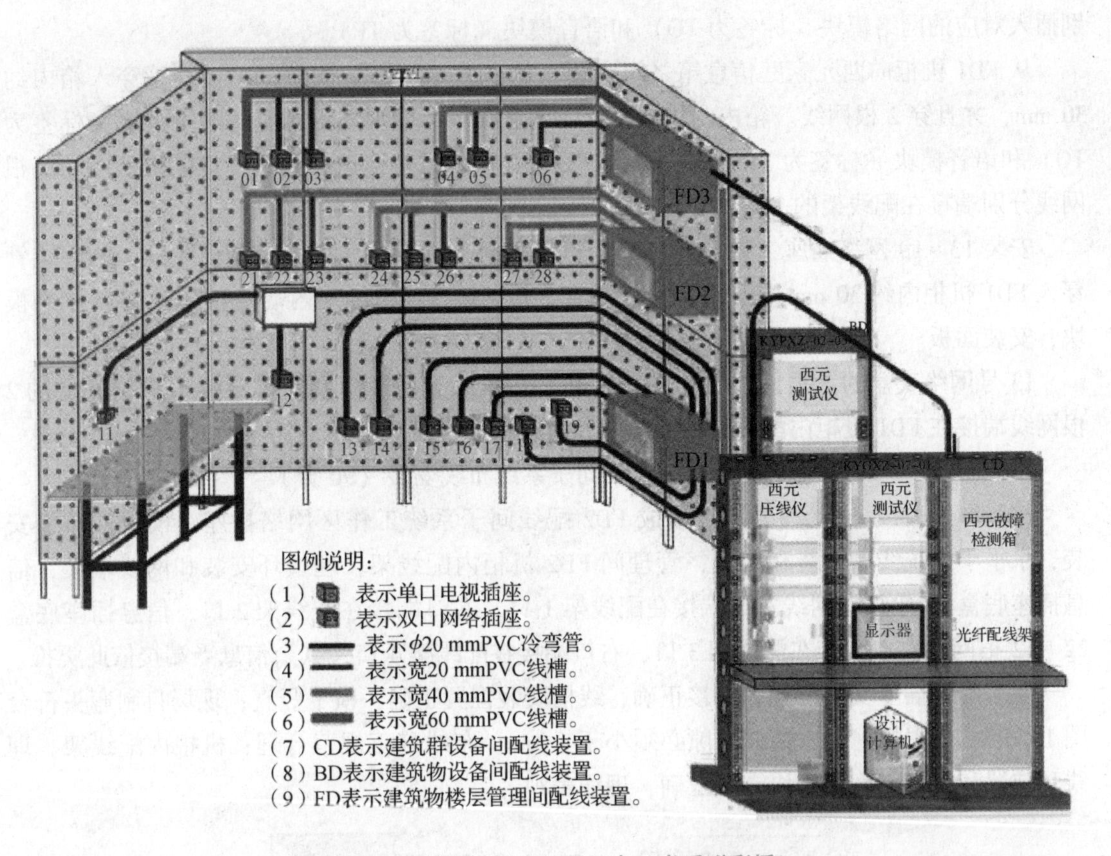

图 11　布线安装路由位置示意（书后附彩插）

网络插座底盒安装孔用 ϕ8 mm 钻头自行开孔，孔位于中间位置。进线首先使用预留孔，需要开孔时，必须保证孔的位置正确，边沿光滑。

第 1 题　FD1 配线间子系统布线安装（200 分）

按照图 11 所示位置和要求，完成 FD1 配线间子系统工作区网络插座底盒安装、模块端接、面板安装，水平子系统线管的安装和布线，管理间 FD1 机柜内配线架、理线环安装和网线端接，家庭信息接入箱内布线与安装。要求网络插座安装位置和端接正确，线管安装位置正确，横平竖直；现场自制弯头曲率半径符合图 11 中的规定，线管与底盒之间的间隙小于 1 mm，布线施工规范合理；机柜内配线架、理线环位置和安装正确，模块端接正确，理线美观；每个模块和配线架端接线序正确，位置正确，端接处拆开线对长度合适，剪掉牵引线，预留网线长度合适，机柜内理线和绑扎预留网线。

安装编号为 11TV 的电视插座，在它与西元家庭信息箱之间安装 1 趟 ϕ20 mmPVC 线管，并且穿 75－5 闭路电视线，插座内与电视模块直接连接，在西元家庭信息箱内做 F 头，插入 OUT 接口。

安装编号为 12 的网络和语音双口插座，在它与西元家庭信息箱之间安装 1 趟 ϕ20 mm PVC 线管，PVC 线管穿入箱内约 30 mm，并且穿 2 根网线。在插座左口端接和安装 RJ45 网络模块，在插座右口端接和安装 RJ11 语音模块。在西元家庭信息箱内做 2 个 RJ 45 水晶头，分别插入对应的网络模块（标签为 TO）和语音模块（标签为 TP）。

从 FD1 机柜向西元家庭信息箱之间安装 1 趟 ϕ20 mm PVC 线管，PVC 线管穿入箱内约 30 mm，并且穿 2 根网线。箱内制作 2 个 RJ 45 水晶头，分别插入对应的网络模块（标签为 TO）和语音模块（标签为 TP），实现与 12 底盒 2 个信息点的电气连通。FD1 机柜内的 2 根网线分别端接在配线架的 1 口和 2 口。

安装 13 ~ 19 网络插座，在它们与 FD1 机柜之间分别安装 ϕ20 mm PVC 线管，PVC 线管穿入 FD1 机柜内约 30 mm，每根 PVC 线管穿 2 根网线，信息插座内端接和安装 RJ45 网络模块，安装面板。

13 号网络底盒的 2 根网线端接在 FD1 机柜内配线架的 3 口和 4 口，14 号网络底盒的 2 根网线端接在 FD1 机柜内配线架的 5 口和 6 口，依此类推。

第 2 题　FD2 配线间子系统布线安装（90 分）

按照图 11 所示位置和要求，完成 FD2 配线间子系统工作区网络插座、模块、面板安装，水平子系统线槽安装和布线，管理间 FD2 机柜内配线架、理线环安装和网线端接，信息插座底盒 21 中 2 根网线左口端接在配线架 1 口，右口端接在配线架 2 口，信息插座底盒 22 中 2 根网线左口端接在配线架 3 口，右口端接在配线架 4 口，其余信息点端接依此类推。

要求网络插座安装位置和端接正确；线槽安装位置正确，横平竖直；现场自制弯头符合图 12 和图 13 中的规定，接缝间隙必须小于 1 mm，布线施工规范合理；机柜内配线架、理线环位置和安装正确，模块端接正确，理线美观。

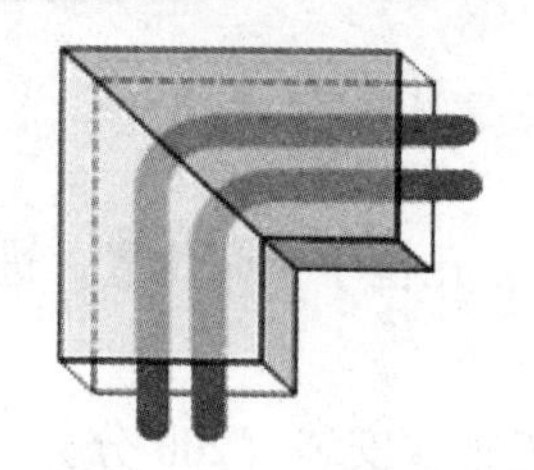

图 12　水平弯头制作示意

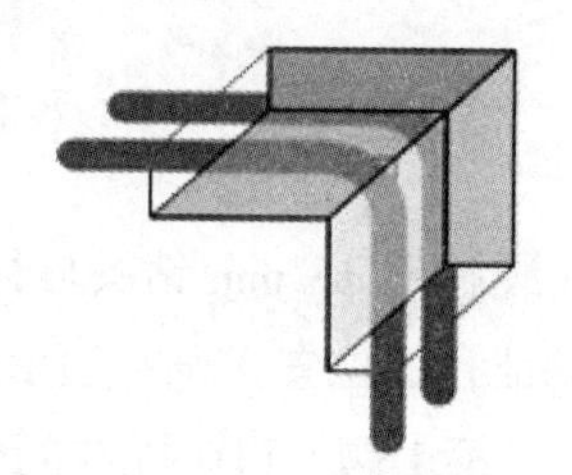

图 13　阴角弯头制作示意

第 3 题　FD3 配线间子系统布线安装（60 分）

按照图 11 所示位置和要求，完成 FD3 配线间子系统工作区网络插座底盒安装，模块端接，面板安装；水平子系统槽管安装和布线；管理间 FD3 机柜内配线架、理线环安装和网线端接，信息插座底盒 31 中 2 根网线左口端接在配线架 1 口，右口端接在配线架 2 口，信息插座底盒 32 中 2 根网线左口端接在配线架 3 口，右口端接在配线架 4 口，其余信息点端接依此类推。

要求网络插座安装位置和端接正确；槽管安装位置正确，横平竖直，固定牢固；按照图 12 和图 13 所示现场自制弯头，要求接缝间隙小于 1 mm，布线施工规范合理；机柜内配线架、理线环安装位置合理，安装正确，模块端接正确，理线美观。

第 4 题　建筑物子系统布线安装（50 分）

按照图 11 所示位置和要求，完成建筑物子系统布线安装。从标识为 BD 的设备向 FD3 机柜安装 1 趟 ϕ20 mm PVC 线管，一端用管卡、螺丝固定在 BD 立柱侧面，另一端用管卡固定在布线实训装置钢板上，并且穿入 FD3 机柜内部约 30 mm，要求横平竖直，牢固美观。从 FD3 机柜经 FD2 机柜向 FD1 机柜垂直安装 1 根 39 mm × 18 mm 的线槽。从 BD 设备 10U 处西元网络配线架，向 FD3、FD2、FD1 机柜分别安装 1 根网络双绞线，并且分别端接在 6U 机柜内配线架的 24 口。BD 设备 10U 处西元网络配线架端接位置为：FD1 路由网线端接在 21 口，FD2 路由网线端接在 22 口，FD3 路由网线端接在 23 口。

第 5 题　工程管理项目（100 分）

1. 竣工资料

根据设计和安装施工过程，编写项目竣工总结报告，要求报告名称正确，封面上参赛队机位编号正确，封面上日期正确，内容清楚和完整。附件提供的报告纸不够时请加页。

2. 施工管理

（1）现场设备、材料、工具堆放整齐、有序，现场整洁。

（2）安全施工，文明施工，合理使用材料。

3. 第 2 天竞赛注意事项

（1）选手在当天竞赛结束前，整理当天全部设计文件等资料，检查资料袋与竞赛位号匹配后，统一放入资料袋封口，资料袋放在每个竞赛位的工作台上，由裁判集中收取。选手如果没有提交书面设计等文件，则该项目评判为零分。

（2）选手不得将任何工具、腰包、器材、竞赛题目、设计文件草稿等带离竞赛位，否则将根据现场缺少器材情况扣分。

项目竣工总结报告纸

项目名称：________________________　机位号：____________

信息网络布线技能训练试题（四）

选手入场和结束注意事项如下。

（1）选手按抽签号进入自己的竞赛位，并能够明确自己的竞赛位号，接受裁判组检查，禁止进入其他竞赛位。竞赛期间选手不再变更竞赛位，在同一个竞赛位进行操作。

（2）选手进入竞赛位后，不能私自开始进行操作。首先仔细检查竞赛设备和器材是否齐全和完整，设备性能是否正常，然后填写竞赛位器材确认单。如果发现问题，请举手联系裁判组，裁判组及时解决选手发现的问题，保证竞赛公平公正地顺利进行。

（3）竞赛位检查完毕并提交竞赛位器材确认单后，全体选手统一站立在竞赛位外边，裁判长宣布竞赛开始，吹响竞赛哨后选手再次进入竞赛位开始正式比赛。

（4）竞赛结束前 5 min，选手检查和完善竞赛任务，整理工具和清洁场地。

（5）竞赛结束时，裁判长吹响竞赛哨，宣布竞赛结束，全体选手离开竞赛位，并站立在竞赛位外边，等待裁判长宣布后统一离开竞赛场地。

（6）竞赛题目由一名选手独立完成，在竞赛过程中不允许互相交流。

竞赛位立体示意如图 14 所示，请选手注意下列规定。

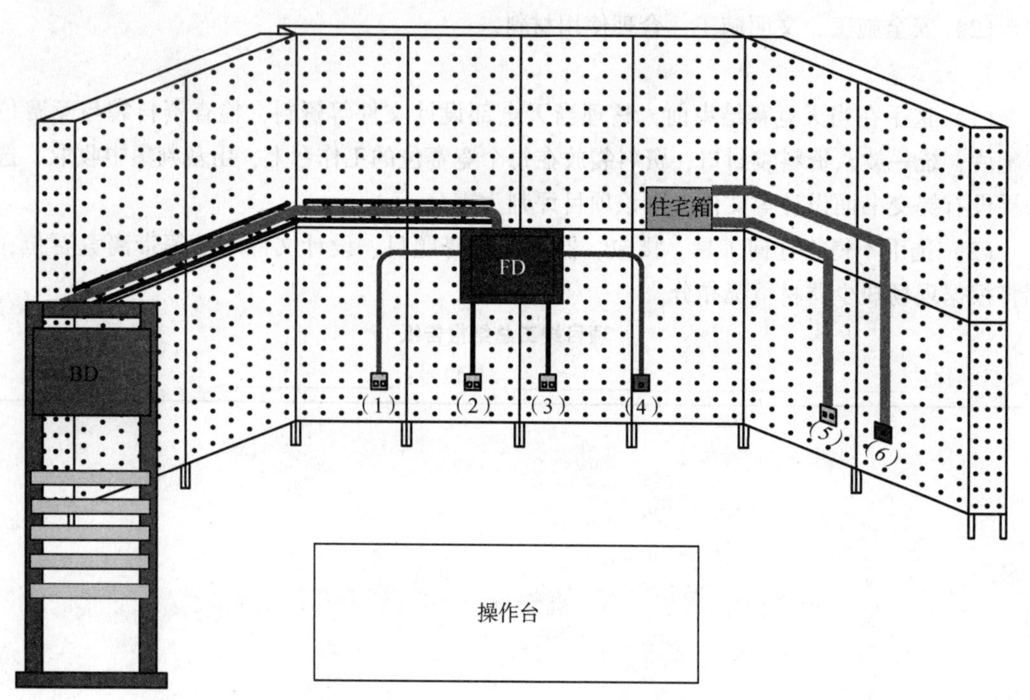

图 14　竞赛位立体示意（书后附彩插）

（1）BD 模拟建筑物子系统网络配线机柜。

（2）FD 使用 1 个 9U 壁挂式机柜，模拟建筑物的楼层管理间机柜。

（3）住宅信息箱使用 1 个 9 in 壁挂式机柜。

（4）表示信息网络面板。

（5）表示光纤面板。

（6）表示有线电视面板。

（7）表示 AD21.2 波纹管。

（8）表示 ϕ20 mm PVC 线管。

（9）▬▬表示 ϕ20 mm PVC 线槽。

建筑物网络布线（总分 300 分，3 h 内完成）

选手认真研读图纸和技术要求，特别注意工作任务的种类、线缆长度、路由和端接位置，合理规范地理线，进行现场管理和规范安装，优先保证质量，在规定时间完成竞赛任务。

1. 1A、1B、1C、1D、1E 配线架安装（15 分）

按照图 15 所示位置，在网络配线端接实训装置上安装 1A、1B、1C、1D、1E 配线架，要求安装位置正确，横平竖直，安装牢固，没有松动，在螺丝两边安装垫片。

2. 2A、2B、2C、2D、2E 配线架安装（15 分）

按照图 15 所示位置，在网络配线机柜上安装 2A、2B、2C、2D、2E 配线架，要求安装位置正确，横平竖直，安全牢固，没有松动，在螺丝两边安装垫片。

3. 电缆和光缆的抽线、理线、端接（120 分）

按照图 15 和图 16 所示位置和路由完成全部电缆和光缆的安装任务。线缆包括如下 4 种类型。

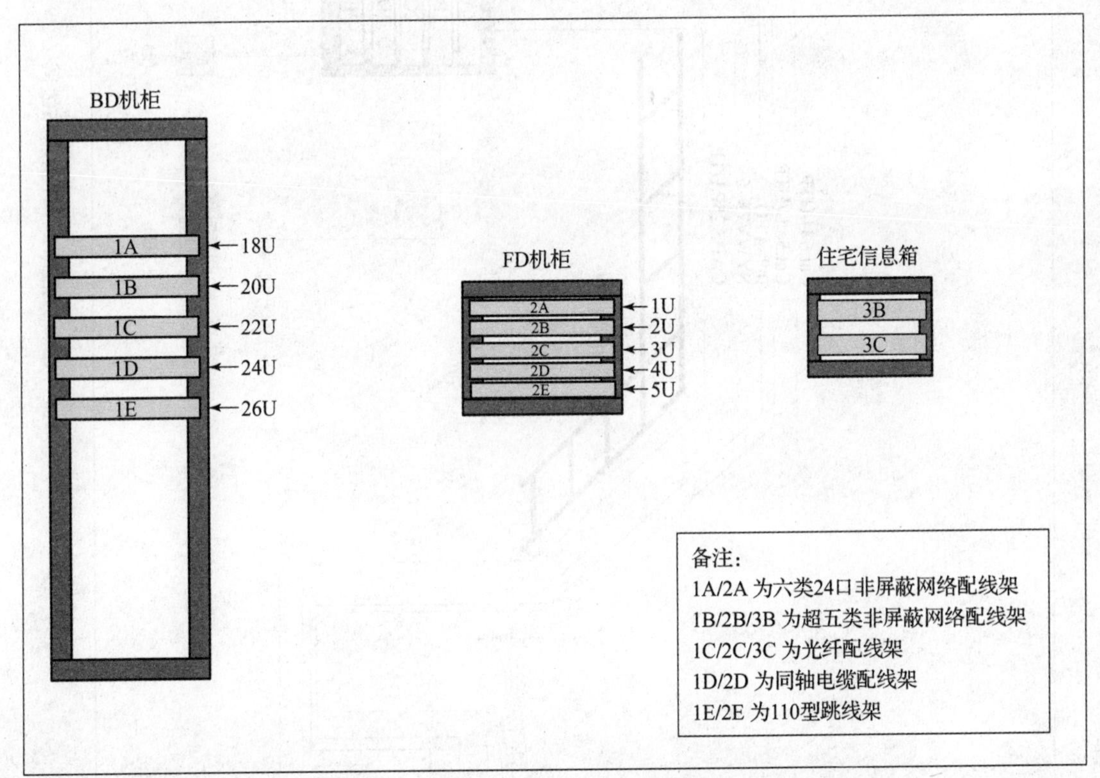

图 15　配线架安装位置

（1）6 根长度为 10 m 的六类非屏蔽电缆，必须按照图 16 所示位置端接。

（2）6 根长度为 10 m 超五类非屏蔽电缆，必须按照图 16 所示位置端接。

（3）1 根长度为 10 m 4 芯室内单模光缆，必须按照图 17 所示位置端接。

（4）1 根长度为 10 m 同轴电缆，必须按照图 18 所示位置端接。

（5）1 根长度为 10 m 25 对大对数电缆，必须按照图 16 所示位置端接。

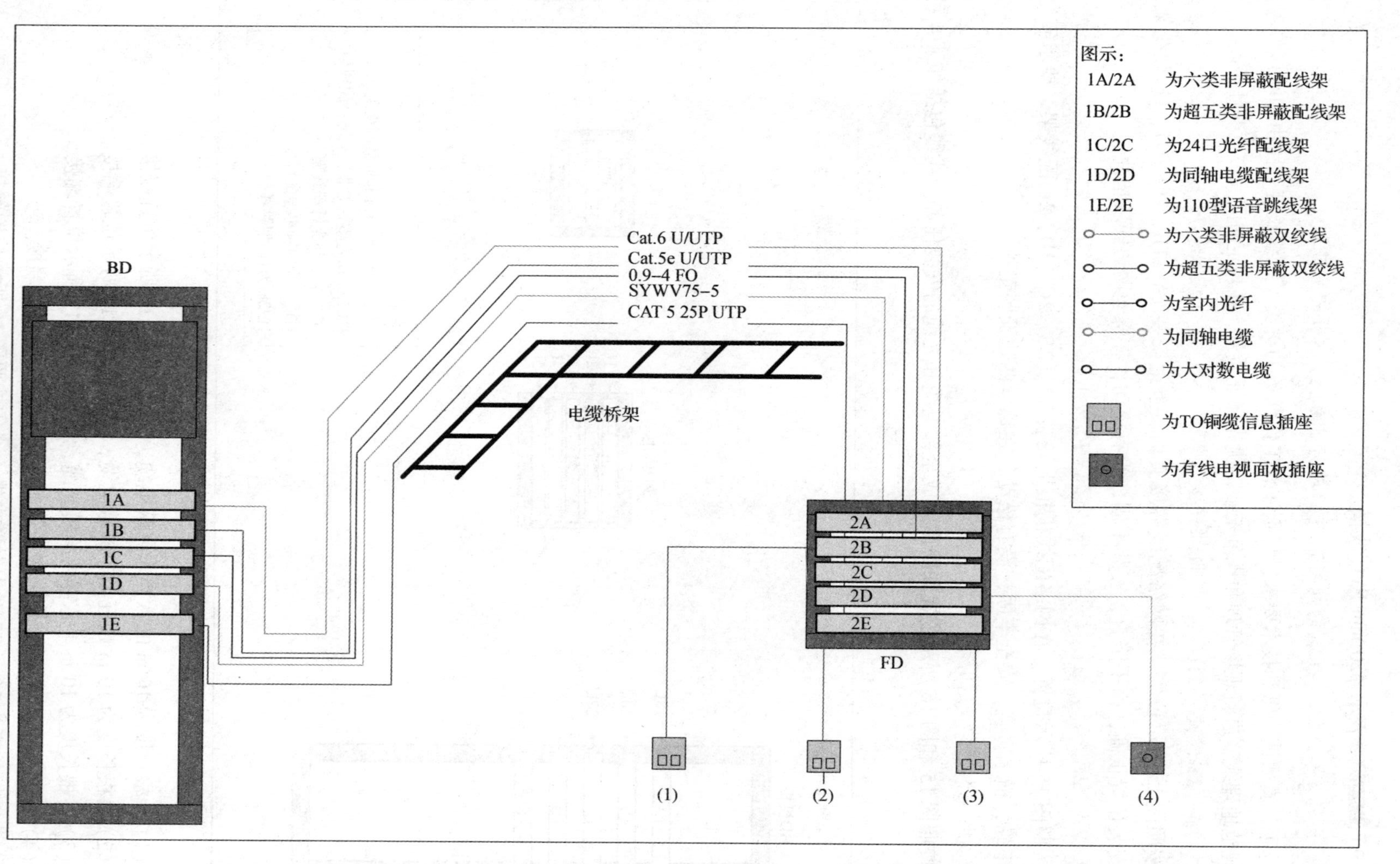

图 16 竞赛工作任务和布线图

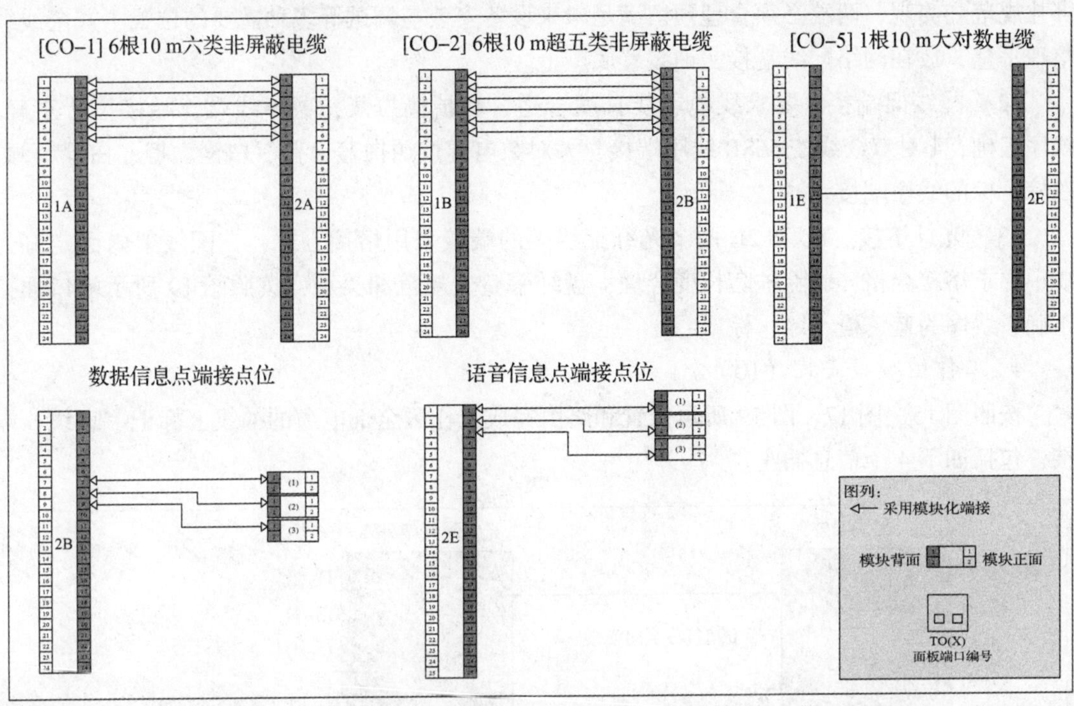

图 17　配线架端接位置和技术要求

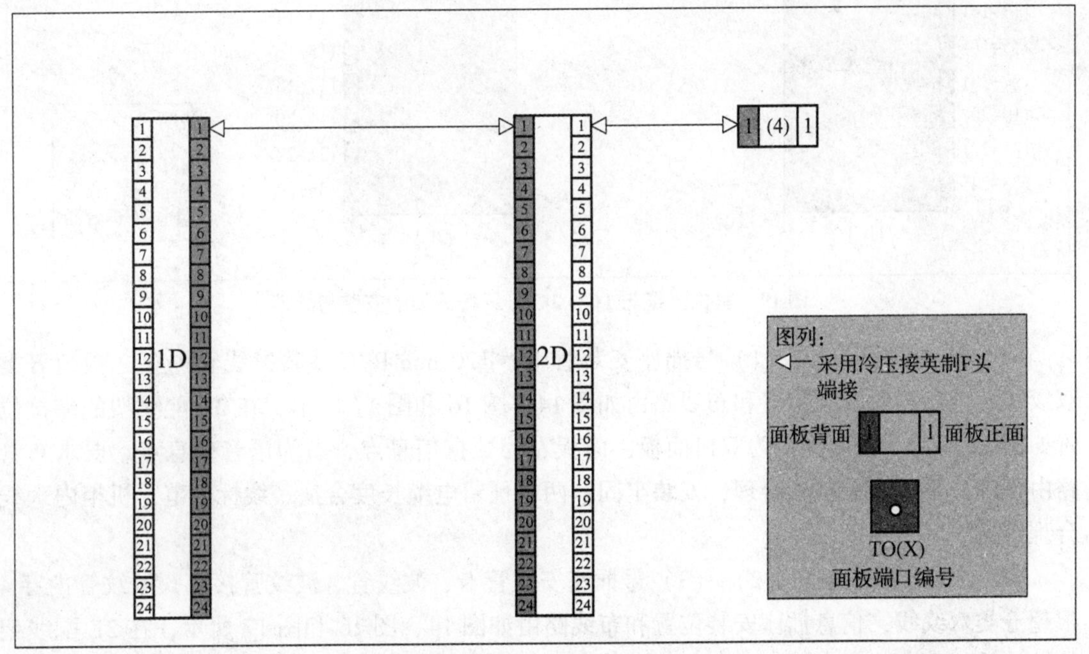

图 18　同轴电缆配线架端接和技术要求

具体技术要求如下。

（1）线缆安装和理线绑扎。全部线缆在两端设备和梯形桥架上的安装必须保持平整，绑扎规范和美观，两端必须合理预留满足未来设备安装与调试等多种需要的位置，冗余线缆整理平整，放在网络配线端接实训装置底座上。

（2）配线架端接。要求线缆剥线长度合适，剪掉撕拉线，剪掉线端，端接位置正确，线序正确，4 对双绞线按 568B 线序端接，大对数电缆按照白蓝、蓝、白橙、橙、白绿、绿、白棕、棕的线序端接。

（3）光纤熔接。1C 和 2C 两个光纤配线架的端接采用熔接方式，在配线架内固定好光缆，要求熔接合格，剥除护套长度合理，盘纤平整、规范和美观，按照图 19 所示端口插接正确，线序为蓝、橙、绿、棕。

4. 工作区布线安装（100 分）

按照图 15、图 17、图 19 所示位置和路由完成工作区全部电缆的抽线、标记、理线、端接，包括如下 4 个信息插座。

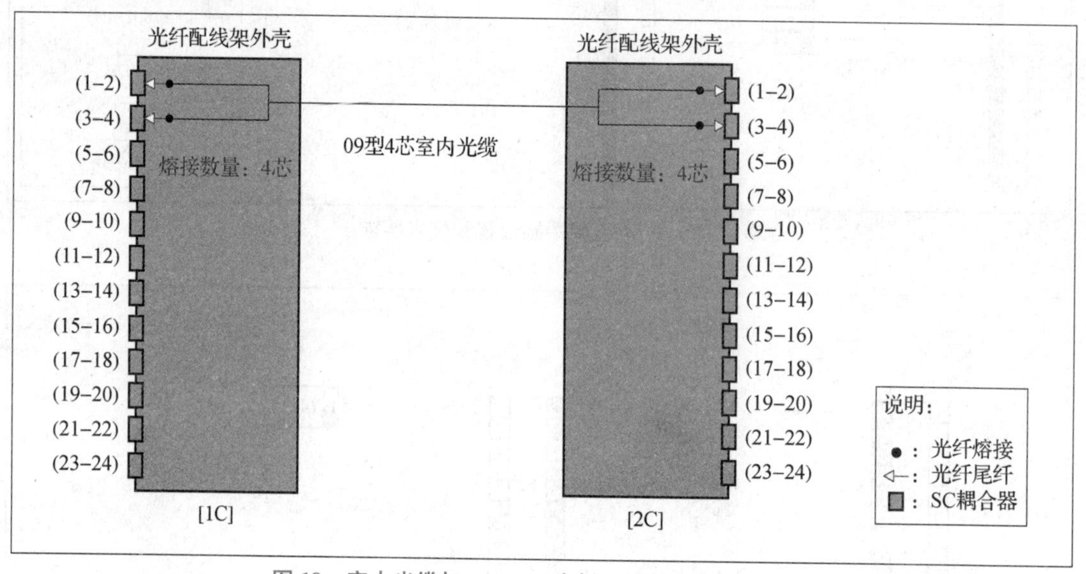

图 19　室内光缆与 1C、2C 光纤配线架的安装与熔接

（1）从 2B 配线架向（1）号插座安装管卡、ϕ20 mm PVC 线管，线管内穿 2 根超五类双绞线，信息插座安装位置和布线路由如图 14、图 16 和图 17 所示，在 2E 配线架的端接位置如图 17 所示。插座面板为双口面板，面板左为数据信息点，右为语音信息点。要求布管路由正确，管卡安装位置合理，安装牢固；两端预留电缆长度合适，线标规范，机柜内理线合理规范。

（2）从 2B 配线架向（2）、（3）号插座安装管卡、波纹管、波纹管接头，波纹管内穿 4 根超五类双绞线，信息插座安装位置和布线路由如图 14、图 16 和图 17 所示，在 2E 配线架的端接位置如图 17 所示。插座面板为双口面板，面板左为数据信息点，右为语音信息点。要求布管路由正确，管卡安装位置合理，安装牢固；两端预留电缆长度合适，线标规范，机柜内理线合理规范。

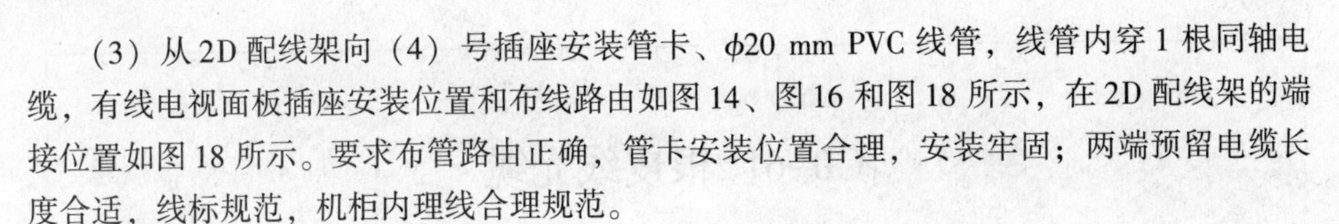

（3）从2D配线架向（4）号插座安装管卡、ϕ20 mm PVC线管，线管内穿1根同轴电缆，有线电视面板插座安装位置和布线路由如图14、图16和图18所示，在2D配线架的端接位置如图18所示。要求布管路由正确，管卡安装位置合理，安装牢固；两端预留电缆长度合适，线标规范，机柜内理线合理规范。

5. 住宅布线系统（50分）

选手认真研读图纸和技术要求，特别注意竞赛任务的种类、线缆长度、路由和端接位置、现场管理等，请规范安装，优先保证工作质量，在规定时间完成竞赛任务。

1）3B、3C配线架安装（5分）

按照图15所示位置，在家庭信息箱上安装3B、3C配线架，要求安装位置正确，横平竖直，安装牢固，没有松动。

2）信息插座安装与布线（45分）

按照图20、图21所示位置和路由完成电缆的抽线、标记、理线、端接等安装任务，包括如下2个信息插座。

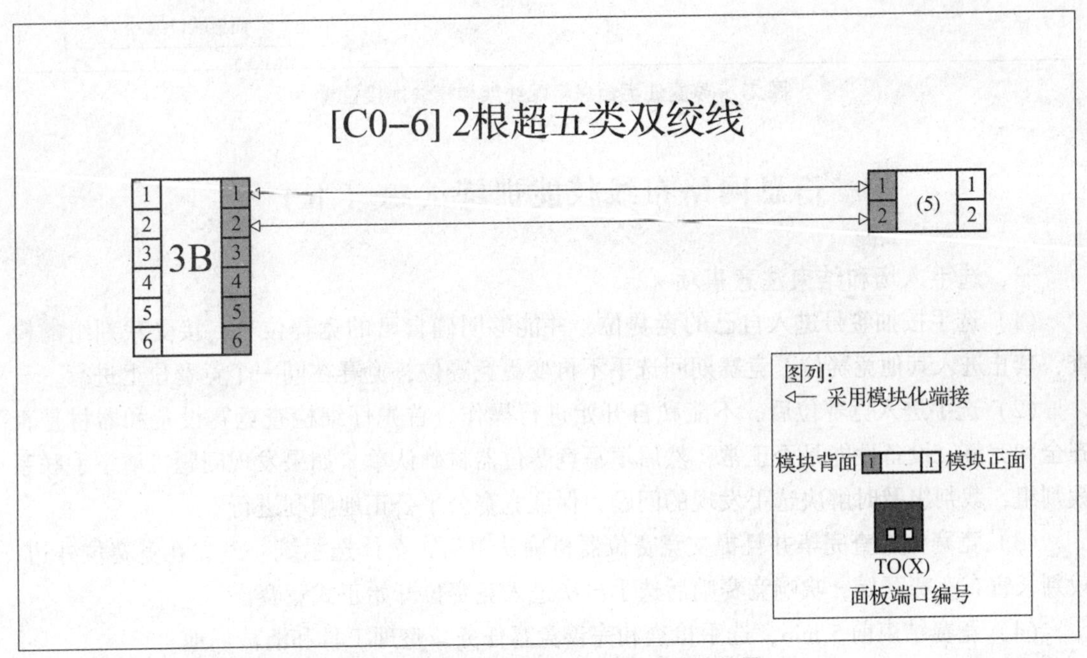

图20　家庭信息箱配线架和模块端接位置

（1）从3B配线架向（5）信息插座安装ϕ20 mm PVC线槽，线槽内穿2根超五类双绞线，在3C配线架的端接位置如图20所示。要求布槽路由正确，安装位置合理，安装牢固；两端预留电缆长度合适，线标规范，家庭信息箱内理线合理规范，端接位置正确，线序正确，面板为全网络模块，左为1，右为2。

（2）从3C配线架向（6）信息插座安装ϕ20 mm PVC线槽，线槽内穿2根皮线光缆，在3C配线架的端接位置如图21所示，现场制作4个SC冷接子。要求线槽路由正确，安装位置合理，安装牢固；两端预留电缆长度合适，线标规范，家庭信息箱内理线合理规范，端接位置正确，线序正确，面板为光纤面板。

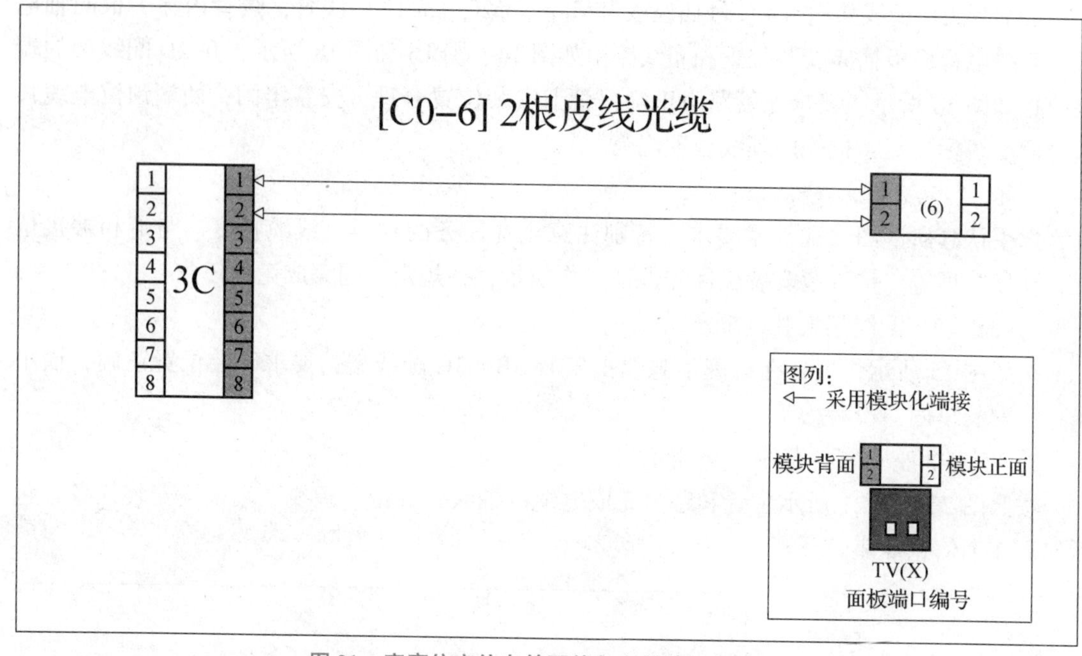

图 21 家庭住宅信息箱配线架和模块端接位置

信息网络布线技能训练试题（五）

一、选手入场和结束注意事项

（1）选手按抽签号进入自己的竞赛位，并能够明确自己的竞赛位号，接受裁判组的检查，禁止进入其他竞赛位。竞赛期间选手不再变更竞赛位，竞赛在同一个竞赛位上进行。

（2）选手进入竞赛位后，不能私自开始进行操作。首先仔细检查竞赛设备和器材是否齐全和完整，设备性能是否正常，然后填写竞赛位器材确认单。如果发现问题，请举手联系裁判组，裁判组及时解决选手发现的问题，保证竞赛公平公正地顺利进行。

（3）竞赛位检查完毕并且提交竞赛位器材确认单后，全体选手统一站立在竞赛位外边，裁判长宣布竞赛开始，吹响竞赛哨后选手再次进入竞赛位开始正式竞赛。

（4）竞赛结束前 5 min，选手检查和完善竞赛任务，整理工具和清洁场地。

（5）竞赛结束时，裁判长吹响竞赛哨宣布竞赛结束，全体选手离开竞赛位，并且站立在竞赛位外边，等待裁判长宣布后统一离开竞赛场地。

（6）竞赛题目由一名选手独立完成，竞赛过程中不允许互相交流。

二、铜缆、光缆竞速（总分 300 分，3 h 内完成）

认真研读图纸和技术要求，特别注意竞赛任务的种类、缆线长度、端接位置、现场管理等，请规范安装，优先保证工作质量，在规定时间完成竞赛任务。

任务一：铜缆端接竞速（总分 100 分，1 h 内完成）

选手制作 RJ45 水晶头 - RJ45 水晶头跳线和 RJ45 模块 -- RJ45 模块跳线两类，并且将它们串联在一起，如图 22 所示。最终评价链接的数量和质量。要保证所有链接的节点都能够导通，符合 EIA/TIA568B 标准，按照符合链接标准、质量合格的节点计算完成的数量，同时评判端接的外观质量，要求操作规范，环境卫生等。

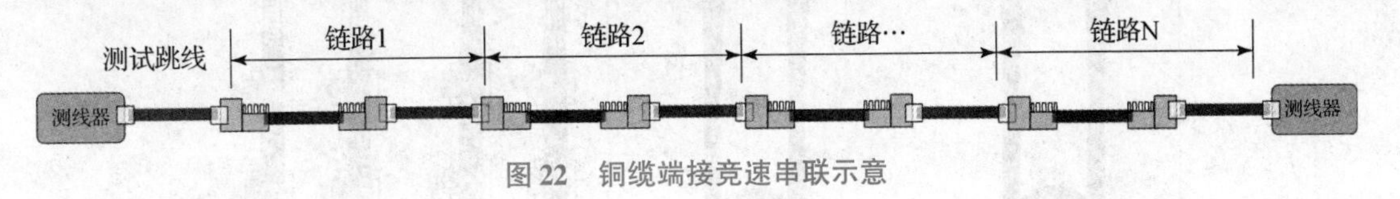

图 22　铜缆端接竞速串联示意

具体要求如下。

（1）竞赛开始后首先制作 RJ45 模块 - - RJ45 模块跳线，并且将其插入准备阶段制作的 RJ45 水晶头 - RJ45 水晶头跳线，然后制作 RJ45 水晶头 - RJ45 水晶头跳线、RJ45 模块 - - RJ45 模块跳线，按此循环制作，边做边串联和测试。

（2）必须保证每根跳线合格，不合格的跳线不得串联，多根跳线串联后进行通断测试，允许选手使用测线器进行测试。

（3）必须保证线序正确，水晶头按照 568B 线序接线，模块按照产品标签规定接线。

（4）全部跳线剥除护套长度合适，剪掉撕拉线，水晶头护套压接到位，模块剪掉线头。

（5）模块不要压接防尘盖，以方便检查和评判。

任务二：光缆熔接竞速（总分 200 分，2 h 内完成）

现场准备 3 m 长的 48 芯单模光缆 2 根，如图 23 所示，用尼龙扎带和粘扣固定在台面上，在中间做一个圈，同时考虑光纤熔接机和工具等的位置，以方便快速操作。

第一步：光缆开缆。首先剥去光缆两端外皮 500 mm，然后保留内护套 30 mm，剥除 470 mm，如图 24 所示。

第二步：在光缆的一端熔接 1 条 SC 尾纤，并且连接测试设备。

第三步：检查设备和工具，允许选手试用光纤熔接机、光纤切割刀、剥皮钳等工具。准备酒精和无尘纸等器材。

要求将两根光缆以环形接续，将光缆按照光纤的色谱顺序依次熔接，连接串成一条通路。将熔接好的光纤整齐地放在台面，不要放在光纤熔接机托盘中。在保证光损很小的前提下，记录熔接点的个数，同时评判熔接点的外观质量，要求操作规范，戴护目镜等劳动保护工具，环境卫生等。

具体操作技术要求和注意事项如下。

（1）按照光纤熔接机操作说明书的规定正确使用仪器，用光纤熔接机熔接光纤，及时清洁光纤熔接机，保证每次熔接合格。

（2）每个熔接点必须安装 1 个热收缩保护管，调整加热时间至正确，套管收缩合格并且居中。

（3）必须去除光纤外皮和树脂层，每芯光纤至少用酒精清洁 3 次。

（4）每次使用光纤剥线钳后必须及时清洁，去除光纤剥线钳刀口上面粘留的树脂或杂物。

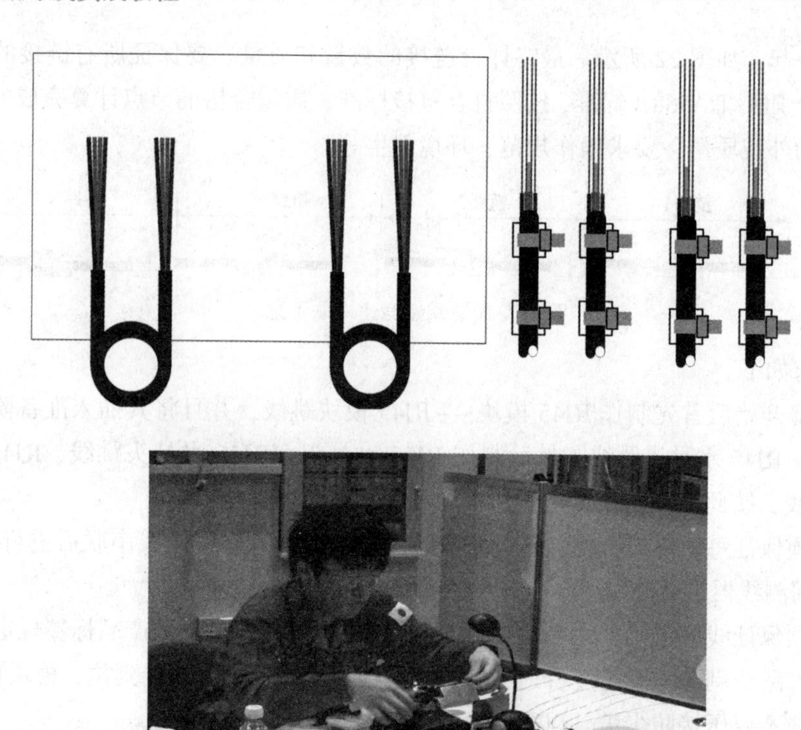
图 23　光缆在台面上的固定方式

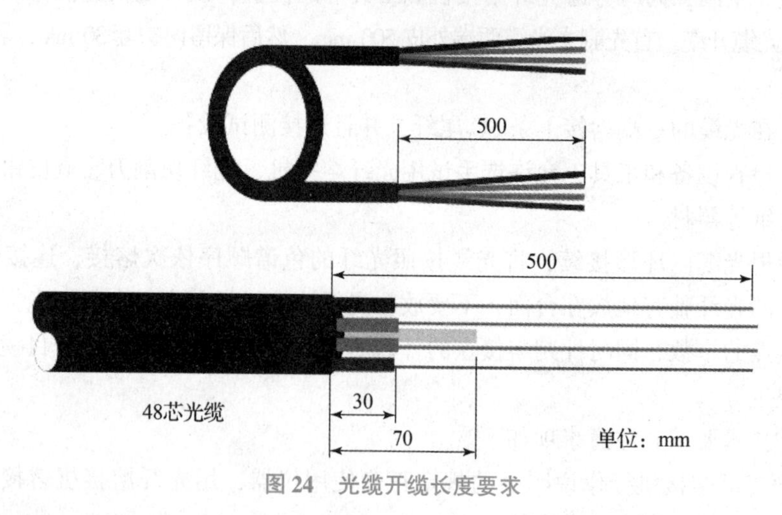

图 24　光缆开缆长度要求

（5）正确使用和清洁光纤切割刀。

（6）允许选手在准备阶段使用酒精浸泡无尘布。